2

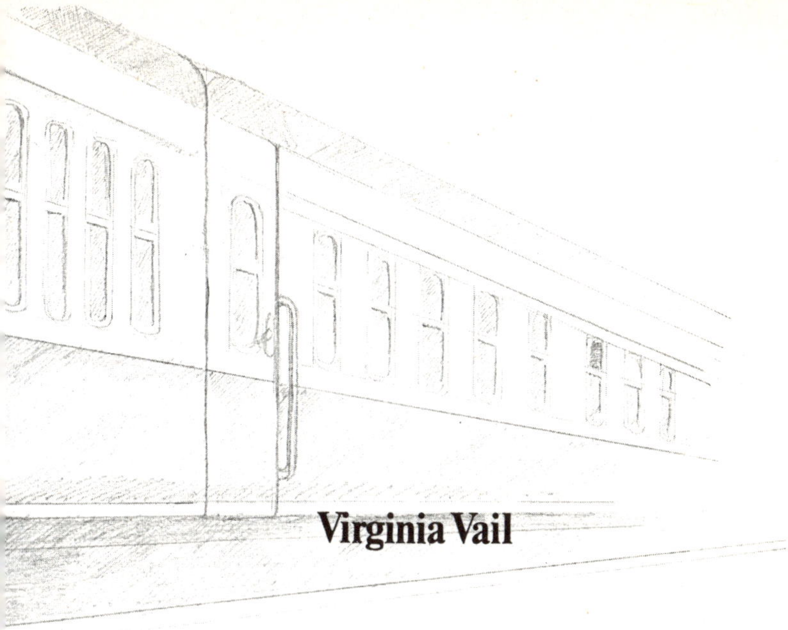

Virginia Vail

Tierarzt-Praxis Birkenallee 7

JEDES TIER BRAUCHT EIN ZUHAUSE

Illustriert von Ines Vaders

SCHNEIDER BUCH

CIP-Titelaufnahme der Deutschen Bibliothek

Vail, Virginia:
Tierarzt-Praxis Birkenallee 7 / Virginia Vail. [Übers. aus d. Amerikan.: Renate Navé]. — München : F. Schneider.
Einheitssacht.: Animal Inn (dt.)

Bd. 6. Jedes Tier braucht ein Zuhause. — 1989
Orig.-Ausg. u. d. T.: Vail, Virginia: All the way home
ISBN 3-505-09876-0

Dieses Buch wurde auf chlorfreies, umweltfreundlich hergestelltes Papier gedruckt.

Übersetzung aus dem Amerikanischen von Renate Navé, München
Originaltitel: ANIMAL INN – ALL THE WAY HOME

Published by arrangement with SCHOLASTIC INC.
Umschlagbild: Richard Williams
Umschlaggestaltung nach der Konzeption von Angelika Bachmann, München
Illustrationen: Ines Vaders, München
Herstellung: Gabi König
Satz/Druck: Presse-Druck Augsburg
ISBN: 3-505-09876-0

93 94 95 / 14 13 12 11 10 9 8 7 6 5 4

„Glauben Sie, sie werden wieder gesund?" fragte Herr Pollard hoffnungsvoll.

„Machen Sie sich keine Sorgen, das kriegen wir schon wieder hin", versicherte ihm der Tierarzt. „Antibiotika vollbringen wahre Wunder."

Linda sah, wie ihr Vater das kleinste Ferkel des Wurfes betrachtete, und fragte: „Meinst du, daß auch dieses überleben wird?"

Doktor Taylor nahm das Ferkel auf den Arm. „Es ist zwar winzig, aber das hat nichts zu bedeuten. Eines ist immer das schwächste. Wenn es sich seinen Geschwistern gegenüber behaupten kann, wird es überleben. Aber gegen die Infektion bekommt es erst mal eine Spritze, damit es die gleichen Überlebenschancen hat..."

Inhalt

Pippin der Kleine

„Er ist wieder gesund, Herr Radford. Sie können Prinz nach Hause nehmen“, sagte Linda, die Tochter des Tierarztes.

Der kräftige Boxer zerrte so sehr an seiner Leine, daß er Linda beinahe mit sich zog. Die Entzündung am Bein des Hundes war geheilt, und Prinz hinkte nicht mehr, sondern gebärdete sich wie ein junger, lebhafter Hund.

Herr Radford nahm Linda die Leine ab und tätschelte den Kopf des Hundes. Dann befahl er ihm, sich hinzusetzen und wandte sich der Tochter des Tierarztes zu.

„Danke, Linda, und richte auch deinem Vater meinen besten Dank aus. Ich hatte schon befürchtet, Prinz würde für den Rest seines Lebens hinken. Ja, sag deinem Vater, daß ich ihn für den besten Tierarzt von Essex oder ganz Pennsylvania halte.“

„Das werde ich ihm gerne ausrichten“, erwiderte Linda mit einem freundlichen Lächeln. „Übrigens, ich bin ganz Ihrer Meinung.“ Sie öffnete die Tür des Wartezimmers und begleitete Herrn Radford hinaus. Seine anerkennenden Worte erfüllten sie mit Stolz, denn ihr Vater war ein großes Vorbild für sie. Wenn sie selbst eines Tages Tierärztin sein würde, wollte sie bei den Leuten genauso beliebt sein. Aber sie war erst vierzehn, und bis dahin war es noch ein weiter Weg. Doch da sie jeden Tag nach der Schule im Tier-Treff — so wurde die Klinik allgemein genannt — aushalf, konnte sie bereits jetzt schon eine Menge lernen, und sie war, wie ihr Vater immer wieder betonte, eine sehr tüchtige Assistentin.

„Komm, Linda, laß uns aufräumen. Ich habe noch eine Menge Hausaufgaben zu erledigen", rief Toby Curran. Auch er ging noch zur Schule und half im Tier-Treff fleißig mit. Er war in Lindas Alter und ihr bester Freund.

Prinz war für heute der letzte Patient gewesen, und vor Praxisschluß mußten das Wartezimmer und der Behandlungsraum in Ordnung gebracht werden. Toby kehrte den Boden und fuhr dann mit einem nassen Tuch darüber. Linda machte den Untersuchungstisch und das Waschbecken sauber. Außerdem sterilisierte sie die Instrumente.

Es war ein anstrengender Nachmittag gewesen. Linda war müde und gähnte herzhaft. Doch das Saubermachen gehörte nun mal auch zu ihrer Arbeit. Sie mußte sich meistens dazu überwinden, machte es aber trotzdem gründlich und gewissenhaft.

Toby nahm einen nassen Schwamm und wischte damit über die Bänke des Wartezimmers.

In diesem Augenblick klingelte das Telefon auf dem Schreibtisch der Sprechstundenhilfe. Linda warf einen Blick auf ihre Armbanduhr. Es war Viertel nach fünf. Sicherlich ein Notfall, dachte sie und nahm den Hörer ab. Die Sprechstundenzeit war um siebzehn Uhr beendet, und wenn jemand später anrief, handelte es sich meistens um einen dringenden Fall.

„Tierarztpraxis Doktor Taylor, guten Tag", meldete sie sich. „Ah, hallo, Herr Pollard! Ja, ich bin's, Linda. Was gibt's? Mein Vater ist noch da... Oh, Gott, wie schrecklich! Das tut mir aber leid ... Alle?"

„Was ist los?" flüsterte Toby ihr zu.

Linda legte die Hand auf den Hörer und sagte: „Seine Ferkel ... Ja, Herr Pollard, ich bin noch da. Ich notiere alles. Sadie hat vor sechs Wochen zehn Junge geworfen, und jetzt fressen sie nichts mehr und atmen ganz schwer. Sadie geht es gut, aber den Jungen ... Ja, Herr Pollard, ich werde es ihm ausrichten."

Linda warf einen Blick auf den Terminkalender ihres Vaters.

„Nein, er hat heute keine Hausbesuche. Wir können in einer halben Stunde bei Ihnen sein. Also dann, bis gleich."

„Was fehlt den Ferkeln?" wollte Toby wissen, nachdem Linda den Hörer aufgelegt hatte.

„Du hast doch gehört, daß sie nichts fressen wollen und schwer atmen."

Toby nickte.

„Herr Pollard hat Angst, sie könnten sterben. Ich muß Paps sagen, daß wir uns noch Sadies Junge ansehen müssen."

„Du kannst ruhig gehen", erwiderte Toby. „Ich mache hier allein weiter. Mike wird auch jeden Augenblick kommen und kann mir helfen."

Mike Strickler betreute die kranken Tiere nach Praxisschluß und sah auch nachts nach ihnen, wenn es notwendig war. Er war nicht mehr der Jüngste; wie alt er wirklich war, konnte Linda nie aus ihm herausbekommen. Er liebte Tiere über alles und konnte sich stundenlang mit ihnen unterhalten.

Linda ging zu ihrem Vater in die Intensivstation und sagte: „Paps, Herr Pollard hat soeben angerufen. Sadies

Junge sind erkrankt. Er bittet dich, noch heute vorbeizukommen."

Der Tierarzt seufzte. „Nun gut, dann fahren wir eben hin. Hol bitte meine Instrumententasche, und nimm sie mit zum Wagen. Ich komme gleich nach."

Wenige Minuten später fuhren Linda und ihr Vater in dem Kombiwagen der Tierklinik die Birkenallee entlang.

„Kannst du dir vorstellen, was den Ferkeln fehlt?" fragte Linda.

„Nein, ich muß sie mir schon vorher ansehen", erwiderte der Vater. „Luke Pollard ist ein gewissenhafter Viehzüchter. Er würde mich nicht zu sich rufen, wenn die Sache nicht ernst wäre. Wahrscheinlich haben sie B. B."

„Was ist das?" erkundigte sich Linda.

„Bordetella broniseptica", erwiderte ihr Vater. „Eine Erkrankung der Atemwege, die junge Schweine manchmal bekommen, vor allem wenn sie noch ganz klein sind wie die von Sadie. Wenn sie auf die Lunge übergreift, kann es zu einer Lungenentzündung kommen. Ich verstehe nicht, daß bei Pollard so etwas möglich ist. Das ist das erste Mal, daß seine Schweine diese Krankheit hätten."

„Ist sie lebensgefährlich?" fragte Linda.

„Nicht unbedingt – vorausgesetzt, Herr Pollard hat uns noch rechtzeitig gerufen. Aber es ist auf jeden Fall eine schwere Krankheit. Wenn noch andere Schweine im Stall sind, sind sie natürlich auch gefährdet."

Linda biß sich auf die Unterlippe und hoffte, die Hilfe ihres Vaters würde nicht zu spät kommen, denn die arme Sadie würde sicherlich unter dem Verlust ihrer Jungen sehr leiden.

Herr Pollard wartete bereits auf sie. Er machte ein besorgtes Gesicht. „Wie ich sehe, haben Sie Ihre Assistentin mitgebracht, Doktor“, sagte er. „Na, wie geht's dir denn, Linda?“

„Danke, ausgezeichnet“, antwortete diese.

Dann folgten Linda und ihr Vater Herrn Pollard in den Schweinestall. Vor Sadies Verschlag angekommen, blieben sie stehen. Die Sau lag auf frischem Stroh, und neben ihr waren die Ferkel ausgestreckt. Sie rührten sich nicht und atmeten schwer und geräuschvoll.

„Ich habe keine Ahnung, was ihnen fehlt“, brummte Herr Pollard. „Diese Krankheit ist mir noch nie untergekommen.“

Doktor Taylor betrat den Verschlag und untersuchte ein Ferkel nach dem anderen. Linda kniete neben ihm nieder und streichelte die runden, rosigen Körper. Sie keuchten laut, und Linda verging fast vor Mitleid. Besonders dem kleinsten des Wurfes schien es sehr schlecht zu gehen, und es sah nicht so aus, als würde es überleben.

Der Schweinezüchter stand fassungslos daneben. „Meinen Sie, daß es Lungenentzündung ist?“ fragte er den Tierarzt.

Dieser schüttelte den Kopf. „Noch nicht, aber es könnte eine hinzukommen. Gut, daß Sie mich sofort angerufen haben.“ Dann wandte er sich an Linda: „Ich brauche jetzt die Spritze und die Antibiotikum-Ampullen“, sagte er.

Linda öffnete die Medikamententasche und bereitete alles für die Injektion vor.

„Wenn ich nicht wüßte, was für ein ordentlicher und

Besorgt betrachtete Linda das kleinste der Ferkel, um das es besonders schlecht stand

gewissenhafter Mann Sie sind, Pollard, würde ich sagen, die Tiere haben sich die Krankheit von unsauberen Stallverhältnissen geholt. Aber das trifft bei Ihnen nicht zu. Folglich müssen sie sich bei einem kranken Tier angesteckt haben. Sind noch weitere Schweine erkrankt?"

„Nein, die anderen sind alle bei bester Gesundheit. Sie sehen doch, wie sauber es hier drinnen ist. Ich war schon bei Leuten in der Wohnung, wo es nur halb so sauber war wie in meinem Schweinestall! Die meisten Menschen glauben, daß Schweine schmutzige Tiere sind, aber das stimmt nicht. Der einzige Grund, warum sie sich im Sommer im Dreck suhlen, ist der, daß sie sich dadurch Abkühlung verschaffen wollen."

Gerade als Linda ihrem Vater die zweite Spritze reichte, schlich eine schwarzweiß getigerte Katze in den Verschlag. Sie streckte die Hand nach ihr aus, um sie zu streicheln. „Die sehe ich heute zum erstenmal bei Ihnen", sagte Linda zu dem Schweinezüchter.

„Ach, das ist Mimmi. Sie ist uns zugelaufen. Am liebsten hält sie sich im Schweinestall auf."

Als hätte die Katze seine Worte verstanden, legte sie sich sogleich neben die Ferkel ins Stroh.

„Ich weiß nicht, ob sie die Tiere mag oder ob die Wärme sie anzieht", fuhr Herr Pollard fort. „Ich lasse die Lampe fast die ganze Zeit brennen, damit es die Jungen warm haben und sich nicht erkälten."

„Mimmi sieht ganz so aus, als hätte sie sich auch erkältet", stellte Linda fest, der es nicht entgangen war, daß die Augen tränten und die Nase triefte.

„Wahrscheinlich hat sie sich bei den Ferkeln angesteckt", vermutete Herr Pollard.

Der Tierarzt blickte hoch und legte die Stirn in Falten. „Gib mir mal die Katze rüber, Linda", sagte er.

„Sofort, Paps", erwiderte Linda und legte Mimmi ihrem Vater in die Arme. „Willst du ihr auch eine Spritze geben?"

Der Tierarzt sah sich Mimmis Augen an. Dann holte er ein Instrument aus seiner Tasche hervor, mit dem er ihre Ohren untersuchte. „Das habe ich mir gleich gedacht", sagte er, nachdem er mit der Untersuchung fertig war. „Da haben wir den Sündenbock!"

„Ich verstehe Sie nicht, Doktor", sagte der Schweinezüchter und machte ein verdutztes Gesicht.

„Ich will damit sagen, daß sich die Katze nicht bei den Ferkeln angesteckt hat, sondern daß genau das Gegenteil zutrifft. Die Ferkel haben sich bei ihr angesteckt. Ich habe mir gleich gedacht, daß es sich wahrscheinlich um B. B. handelt, aber jetzt weiß ich es mit Sicherheit, daß es diese Krankheit ist. Katzen übertragen sie häufig."

„Mein Gott", sagte Pollard. „Wer hätte bloß gedacht, daß eine so nette Katze meine Ferkel ansteckt. Was soll ich mit ihr tun?"

„Als erstes bekommt auch sie eine Penizillin-Spritze, und dann müssen Sie strikt darauf achten, daß sie nicht mehr in den Stall geht."

„Glauben Sie, sie werden wieder gesund?" fragte der Schweinezüchter hoffnungsvoll. „Sie können doch nicht nur wegen so einer Katze sterben?"

„Keine Sorge, Herr Pollard, das kriegen wir schon wieder hin", versicherte ihm der Tierarzt. „Antibiotika vollbringen wahre Wunder. Ich komme in zwei oder drei Tagen wieder vorbei, und dann bekommen sie eine zweite Spritze. Das müßte genügen."

Linda sah, wie ihr Vater das kleinste der Ferkel betrachtete, und fragte ihn: „Meinst du, daß auch dieses überleben wird?"

Der Tierarzt nahm das Ferkel auf den Arm. „Es ist zwar winzig und ziemlich schwach, aber das hat nichts zu bedeuten. In jedem Wurf ist ein Tier, das das schwächste ist. Wenn es sich seinen Geschwistern gegenüber behaupten kann, überlebt es. Aber wenn es von den anderen verdrängt wird und zu wenig Milch erwischt, dann stehen seine Chancen schlecht. Doch dieses kleine Ferkel hier hat sicher die gleichen Überlebenschancen wie seine Geschwister."

„Ja, genauso ist es", pflichtete Herr Pollard ihm bei. „Manchmal kommt es auch vor, daß das kleinste von der Sau erdrückt wird..." Er sah Lindas entsetzten Gesichtsausdruck und fügte rasch hinzu: „Beruhige dich, Linda, so was kommt ganz selten vor. Die gute Sadie würde das nie tun. Aber ich glaube auch, wenn eines der Ferkel nicht durchkommt, dann ist es mit Sicherheit das kleinste."

„Linda, ich brauche noch eine Ampulle Penizillin", sagte der Tierarzt.

Linda reichte sie ihm, ohne die Augen von dem Ferkel abzuwenden. Sie beschloß, es Pippin den Kleinen zu nennen, den sie vom Geschichtsunterricht her kannte und von dem sie wußte, daß dieser kleinwüchsige Herrscher der Vater Karls des Großen gewesen war. Außerdem fand sie, daß Pippin ein lustiger Name war.

„Auch wenn es überlebt, wird es immer kleiner sein als die anderen", sagte Herr Pollard. „Es ist ja nicht viel

2 9876-8

größer als eine Wurst!“ fügte er lachend hinzu.

Linda war nicht zum Lachen zumute, denn plötzlich kam ihr in den Sinn, daß diese kleinen Ferkel eines Tages zu Würsten, Koteletts und Schinken verarbeitet würden. Das war auch der Grund dafür, daß sie Vegetarierin war, obwohl alle in ihrer Familie Fleisch aßen.

Plötzlich meinte sie, Pippin schaue sie mit flehenden Augen an. Seine Geschwister drängten sich eng an seine Mutter, nur für ihn war kein Platz.

Linda beugte sich über die Ferkel und nahm das größte von seiner Mutter weg und legte an seine Stelle das kleinste. „Gib Pippin dem Kleinen auch eine Chance, du Dickwanst!“ sagte sie, und Herr Pollard lachte jetzt noch lauter als vorher.

„Humor hast du, das muß man dir lassen“, sagte er zu Linda. „Vielleicht sollte ich dich als Babysitter für meine Ferkel einstellen?“

Linda stellte enttäuscht fest, daß der Dickwanst gleich darauf Pippin den Kleinen von seinem Platz verdrängte. Armer Pippin! dachte sie. Dann wandte sie sich Herrn Pollard zu. „Könnten Sie Pippin nicht mit dem Fläschchen aufziehen, solange er noch so klein ist?“ fragte sie hoffnungsvoll.

Der Züchter schüttelte den Kopf. „Wo denkst du hin! Für solche Spielereien habe ich wirklich keine Zeit. Schließlich habe ich den Stall voller Tiere und weiß ohnehin nicht, wie ich die ganze Arbeit bewältigen soll. Wenn er überlebt, um so besser für ihn. Stirbt er aber, dann hat er eben Pech gehabt. Das sind nun mal die Gesetze der Natur.“ Als er Lindas betrübtes Gesicht sah, fügte er hinzu: „Denke nicht, ich sei ein hartherziger

Mensch. Auch mir täte es leid um Pippin, denn schließlich bedeutet das auch einen finanziellen Verlust für mich. Sadie ist eine gute Zuchtsau. Aber wenn ich nur ein Ferkel aus dem ganzen Wurf verliere, das noch dazu das schwächste ist, dann darf ich mich nicht beklagen. Die Leute schätzen mich als verläßlichen Fleischlieferanten, und da kann ich meine Zeit nicht vergeuden mit einem kümmerlichen Ferkel, das mir ohnedies nicht viel einbringen wird."

„Linda, wir sind fertig", sagte der Tierarzt. „Du hast doch gehört, was Herr Pollard gesagt hat. Also werde nicht sentimental. Wenn du einmal Tierärztin sein willst, mußt du jetzt schon lernen, dich mit Tatsachen abzufinden, die den Gesetzen der Natur entsprechen. Wir haben getan, was möglich war, um diese armen Tiere hier zu retten. Was später mit ihnen geschieht, ist nicht unsere Sache."

Linda nickte und hob eine leere Ampulle vom Boden auf. Pippins Zukunft sah nicht gerade rosig aus. Er würde nicht an B. B. sterben, aber früher oder später würde er verhungern. Oder vielleicht würde er von Sadies schwerem Körper erdrückt werden. Egal, was geschehen würde, Pippin hatte keine Chance. Sie betrachtete das niedliche, runde Schweinchen. Wenn sie es doch mit nach Hause nehmen dürfte, dachte sie. Aber das würde ihr Vater niemals zulassen, denn sie hatten schon eine ganze Menge Haustiere.

Linda sah ihren Vater flehend an.

Der Tierarzt blieb aber unnachgiebig. „Nein Linda, Pippin bleibt hier. Komm, wir müssen jetzt gehen." Dann wandte er sich an Herrn Pollard: „Ich komme wieder in drei Tagen, um sie mir noch einmal anzusehen. Und vergessen Sie nicht, Mimmi von den Ferkeln fernzuhalten."

Schließlich verabschiedeten sie sich von Herrn Pollard und gingen zum Wagen, der vor dem Hof geparkt war.

Als sie in der Dämmerung zum Haus der Tierarztfamilie fuhren, das am Stadtrand von Essex lag, schwiegen sie beide.

Schließlich brach Linda das Schweigen und sagte: „Aber Pippin ist wirklich ein ganz besonders nettes Schweinchen..."

Der Tierarzt schaute geradeaus auf die Straße. „Ja, gewiß", meinte er. „Und zu Hause haben wir auch zwei besonders nette Hunde, einen besonders netten Kater, vier Hamster, Kaninchen, eine Ente, Küken, einen Kanarienvogel und nicht zu vergessen dein Pferd Gray Ghost."

Lindas Gedanken schweiften unwillkürlich zu Ghost, und sie lächelte glücklich vor sich hin. Ohne sie würde der prächtige Grauschimmel nicht mehr am Leben sein, denn sein letzter Besitzer wollte ihn einschläfern lassen, weil er langsam erblindete und sich nicht mehr als Turnierpferd eignete. Aber es war ihr gelungen, ihn mit ihren gesamten Ersparnissen zu kaufen, und nun hatte sie endlich ein eigenes Reitpferd. Trotzdem wurde sie den Gedanken an Pippin den Kleinen nicht mehr los.

„Mir kommt kein Schwein ins Haus, Linda. Hast du mich verstanden?" sagte ihr Vater.

Linda seufzte und meinte schließlich: „Ja, Paps, ich habe verstanden."

Neuigkeiten aus New York

„Ich dachte schon, ihr würdet überhaupt nicht mehr heimkommen“, empfing Erin, Lindas jüngere Schwester, die beiden, als sie den Flur des großen, alten Steinhauses betraten.

Erin trug ihr Balletttrikot, denn sie hatte am Nachmittag Tanzunterricht gehabt. Das lange, blonde Haar hatte sie zu einem Knoten geschlungen, so daß sie wie eine richtige Ballerina aussah. Sie drückte ihrem Vater einen Kuß auf die Wange und übergab ihm einen Brief. „Er ist von Tante Peggy“, sagte sie. Tante Peggy war die Schwester ihrer verstorbenen Mutter. Sie wohnte in New York, was für Erin die schönste Stadt der Welt war.

Ihre Mutter war vor vier Jahren bei einem Autounfall ums Leben gekommen. Die erste Zeit war für alle schrecklich gewesen. Vor allem Teddy, der Jüngste, konnte den Tod der Mutter kaum verwinden. Linda nahm sich ihrer Geschwister an, so gut sie es mit ihren vierzehn Jahren konnte. Außerdem war da noch Frau Racer, eine ältere Dame, die den Haushalt führte.

Zu Tante Peggy hatten sie schon immer ein inniges Verhältnis gehabt. Und wenn ein Brief von ihr eintraf, konnten sie es kaum erwarten, ihn zu lesen.

Erin sprang aufgeregt hin und her und drängte ihren Vater, den Brief zu öffnen: „Ach, Paps, lies ihn doch endlich vor! Ich bin schon so gespannt, zu hören, was sie schreibt." Jetzt erst bemerkte sie Lindas betrübtes Gesicht und fragte: „Was ist denn los, Linda? Du schaust so traurig."

Linda schüttelte den Kopf. „Nein, es ist nichts. Wir waren nur bei Herrn Pollard, weil Sadies Ferkel krank sind. Aber sie werden sicher wieder gesund. Bis auf Pippin den Kleinen..."

„Wer ist Pippin der Kleine?" erkundigte sich Erin.

Doch ehe Linda antworten konnte, wandte sich ihre Schwester schon wieder an den Vater. „Komm, setz dich in deinen Schaukelstuhl und lies uns den Brief vor", bettelte sie.

Der Tierarzt gab schließlich nach und ließ sich in dem Stuhl am Kamin nieder. „Wo ist Teddy?" erkundigte er sich, während er den Umschlag öffnete.

„Bei Eric", erwiderte Erin. „Eric hat ein neues Videospiel. Er muß jeden Augenblick zurück sein. Lies endlich, Paps!"

Linda nahm auf dem Sofa Platz und streichelte die beiden Hunde. Jocko war eine schwarz-weiße Promenadenmischung und Sunshine ein goldbrauner Cockerspaniel. Gleich darauf schlich sich ihr Kater an und sprang auf ihren Schoß. Linda kraulte sein rötliches Fell, und Cleveland schnurrte vor Behagen.

„Sag schon, was sie schreibt!" drängte Erin den Tierarzt.

Dieser faltete den Brief auseinander und überflog ihn schweigend. Dabei zog er die Augenbrauen immer höher.

„Nun, ja", sagte er schließlich.

„Na, was schreibt sie?" fragte Erin ungeduldig.

„Warum liest du den Brief nicht vor?"

Doktor Taylor lehnte sich bequem zurück und begann zu lesen:

„Lieber Ted,
lange ist es her, seit wir uns das letztemal gesehen haben. Jetzt, da sich die Pfingstferien nähern, dachte ich, daß es eine gute Gelegenheit wäre, Euch zu mir einzuladen. Da ich aber weiß, wie sehr Du beschäftigt bist, kann ich Dir nicht zumuten, nach New York zu kommen. Aber Linda und Erin haben zwei Wochen schulfrei und könnten es doch tun. Ich würde mich wirklich sehr über ihren Besuch freuen.

Ich würde mit ihnen ins Theater gehen, eine Ballettaufführung ansehen, wir könnten in Museen gehen, in Ausstellungen, kurz, ich würde mit ihnen all das besichtigen, was ihnen eine Kleinstadt wie Essex nicht zu bieten vermag.

Ich habe absichtlich Teddy nicht erwähnt, denn ich wollte Dir einen weiteren Vorschlag machen. Ich möchte nämlich Tom, der ebenfalls neun Jahre alt ist, zu Euch schicken, damit er die Ferien mit Teddy verbringt. Das Landleben würde ihm sicher guttun. Außerdem bekäme er dann endlich mal was anderes als die Wolkenkratzer von New York zu sehen. Der Junge ist ziemlich schüchtern und für sein Alter viel zu ernst. Ich glaube, bei

Euch würde sich das legen.

Bitte, rufe mich an und gib mir Bescheid. Ich würde mich jedenfalls sehr über den Besuch Deiner beiden Töchter freuen. Wir werden sicherlich viel Spaß zusammen haben. Und Teddy und Tom ebenso.

Ich grüße Dich und Deine Lieben ganz herzlich!

Deine Peggy."

„Dürfen wir hinfahren?" rief Erin aufgeregt. „Sag ja, Paps! Stell dir vor, wir werden das New-York-City-Ballett sehen. Linda, wäre das nicht fantastisch?"

Linda drückte Cleveland noch enger an sich. „Ich weiß nicht so recht, Erin. In New York leben alle Tiere in Zoos, und ich kann nun mal Zoos nicht ausstehen."

„Aber du hast doch hier die ganze Zeit Tiere um dich", meinte Erin. „In New York gibt es viel Aufregenderes zu sehen. Dort reitet die Polizei auf Pferden! Paps, du läßt uns doch hinfahren?"

„Ich muß mir das Ganze erst durch den Kopf gehen lassen", sagte ihr Vater und rieb sich nachdenklich den Bart.

In diesem Augenblick ging die Haustür auf, und Teddy stürmte herein. Seine Wangen waren gerötet, und unter seiner Baseballmütze schaute sein zerzauster Lokkenkopf hervor.

„Hallo, Paps! Ich habe Eric und Billy in allen Videospielen geschlagen! Bin ich nicht super?" rief er aufgeregt.

Die beiden Hunde begrüßten ihn stürmisch. Sie

Stürmisch begrüßten die beiden Hunde Teddy, als er zur Tür hereinkam

sprangen immer wieder an ihm hoch und wollten ihm vor Freude das Gesicht lecken. Der Junge warf sich auf den Boden und kicherte und ahmte das Gebell der Hunde nach.

Als er wieder aufstand, erblickte er den Brief in der Hand seines Vaters. „Von wem ist der?" wollte er wissen.

„Von Tante Peggy", erwiderte Erin. „Linda und ich fahren in den Pfingstferien zu ihr nach New York!"

„Oh, das ist ja super!" Teddy führte gleich einen Freudentanz mit Jocko auf. „Aber ich kann doch hierbleiben, oder? Ich habe nämlich keine Lust, nach New York zu fahren."

„Würdest du dich freuen, wenn dein Cousin Tom in den Ferien zu uns käme, Teddy?" fragte ihn sein Vater.

Teddy ließ den Hund los. „Mein Cousin Tom?" fragte er. „Du meinst den komischen blassen Typ mit der Nickelbrille?"

Der Tierarzt sah ihn vorwurfsvoll an. „Du hast Tom seit drei Jahren nicht mehr gesehen. Tante Peggy meint, es wäre schön, wenn ihr beide euch näher kennenlerntet."

„Darauf bin ich wirklich nicht neugierig", schmollte Teddy, „aber nach New York fahren finde ich noch schlimmer. – Sag, Linda, hast du denn Lust, nach New York zu fahren?"

Linda setzte sich auf und hielt den Kater auf dem Schoß fest. „Um ehrlich zu sein, keine besonders große." Dann schaute sie ihren Vater an. „Ich muß doch nicht hinfahren, wenn ich nicht will. Was meinst du, Paps? Jill und ich, wir haben uns schon eine Menge für die Ferien vorgenommen. Außerdem wollte ich ganztags im Tier-Treff arbeiten. Ich muß doch nicht zu Tante Peggy fahren, wenn es mir keinen Spaß macht?"

„Linda, du hast wirklich nicht alle Tassen im Schrank!" sagte Erin. „Bist du dir im klaren, was du alles versäumst? Das Ballett, das Theater, die Oper und die berittenen Polizisten!"

Linda grub die Nase in Clevelands Fell. „Ich bleibe aber trotzdem lieber hier bei Paps und reite täglich auf Ghost aus. Aber dich hindert niemand daran, nach New York zu fahren, Erin. Ja, fahre doch allein!"

Erin machte ein langes Gesicht. „Paps, wenn Linda nicht mitkommt, darf ich dann trotzdem zu Tante Peggy fahren?"

„Warum nicht?" meinte ihr Vater. „Ich werde darüber nachdenken. Aber vorerst muß ich was essen. Ich komme fast um vor Hunger. Was gibt es denn Gutes?"

Bevor Erin antworten konnte, drang ein greller Schrei aus der Küche.

„Das war Frau Racer", sagte Linda erschrocken. „Es muß was passiert sein." Sie erhob sich blitzartig von dem Sofa und stürzte in die Küche. Frau Racer stand mit käsebleichem Gesicht da und deutete mit dem Zeigefinger auf den Küchentisch.

„Was ist passiert?" fragte Linda. „Ist Ihnen nicht gut?"

„Dort, der Quark! Der Quark!" rief die Haushälterin mit zitternder Stimme.

„Beruhigen Sie sich, Frau Racer", sagte der Tierarzt, der nun auch in die Küche gekommen war und einen Arm um die Schultern der Frau legte. „Sagen Sie uns, was passiert ist."

„Mensch, prima, Sie haben Hermann gefunden!" rief Teddy erfreut und spähte in den Plastikbehälter, der auf dem Tisch stand. „Und ich habe ihn schon überall gesucht! Vielen Dank, Frau Racer!"

Linda und Erin warfen einen Blick über Teddys Schulter und stellten zu ihrem Entsetzen fest, daß in dem Plastikschälchen eine riesige Spinne saß.

„Igitt!" schrie Erin.

„Was für eine schöne Spinne!" meinte Linda. „Woher hast du sie denn?"

Teddy streichelte die haarige Spinne mit dem Zeigefinger. Diese war leicht benommen und rührte sich nicht.

„Meine Lehrerin hat uns gefragt, wer Hermann über die Ferien mit nach Hause nehmen will", erzählte Teddy. „Und da habe ich mich gemeldet. Ich habe ihn erst heute mitgebracht." Er strahlte Frau Racer an. „Die Quarkschachtel ist sein Haus. Sehen Sie mal, wir haben eigens kleine Löcher hineingestochen, damit Hermann genügend Luft bekommt. Er ist eine selten schöne Spinne. Ich wollte ihn hier nur kurz abstellen, aber da rief Eric wegen der Videospiele an, und dann habe ich Hermann vergessen. Wo stand denn die Schachtel?"

Frau Racer erholte sich allmählich von ihrem Schreck, und als sie wieder sprechen konnte, sagte sie: „Im Kühlschrank! Ich dachte, es wäre Quark, aber als ich das Schälchen öffnete..." Sie schüttelte sich vor Ekel und fuhr dann fort: „Es gibt nichts, wovor mir mehr graust als vor Spinnen! Ach, wenn ich nur an ihre dünnen, haarigen Beine denke! Und das da ist die größte, die ich jemals gesehen habe!"

Teddy beugte sich über Hermann. „Wie kam er nur in den Kühlschrank? Hoffentlich hat er sich nicht erkältet!"

„Ich habe ihn hineingestellt", sagte Erin und schüttelte sich ebenfalls vor Ekel. „Wenn ich gewußt hätte, was in der Schachtel ist, hätten mich nicht zehn Pferde dazu gebracht, sie anzufassen. Ich habe mich nur gewundert, warum in dem Deckel die vielen kleinen Löcher waren. Oh, Teddy, das war ein ganz böser Streich! Frau Racer hätte der Schlag treffen können!"

Linda stellte sich neben Teddy und betrachtete die Spinne. „Ich mache mir nicht viel aus Spinnen, doch diese hier ist ein Prachtexemplar", sagte sie. „Aber wir können sie nicht in dieser kleinen Schachtel lassen. Ah, ich weiß, was wir tun! Wir geben sie in mein altes Aquarium, das unten im Keller steht. Ja, das tragen wir herauf."

„Nicht nötig, Linda!" mischte sich nun der Tierarzt ein. „Teddy, auch du hast dich an unsere Abmachung zu halten: Es kommt nur dann ein neues Tier ins Haus, wenn alle damit einverstanden sind. Und das gilt auch für vorübergehende Haustiere. Morgen früh schaffst du Hermann wieder fort. Und kein Wenn und Aber. Wie kommt es überhaupt, daß du ihn jetzt schon nach Hause bringst, wo die Ferien noch gar nicht begonnen haben?"

„Nun, ja..." Teddy spielte verlegen mit dem Schild seiner Baseballmütze. „Frau Robinson mag Hermann nicht besonders. Sie sagte, sie bekommt Gänsehaut bei seinem Anblick. Ein Schüler aus meiner Klasse hat ihn mal mitgebracht, damit wir ihn uns im Biounterricht genauer ansehen. Der ist aber dann gleich darauf weggezogen und hat Hermann nicht mitgenommen."

„Kluges Kind!" stellte der Tierarzt trocken fest. „Tut mir leid, mein Junge, aber deine Lehrerin wird sich einen anderen Platz für Hermann suchen müssen. Jetzt mach die Schachtel wieder zu und trag sie in dein Zimmer hinauf. Und morgen ist Hermann fort. Hast du mich verstanden?" Dann wandte er sich an Frau Racer. „Haben Sie sich wieder beruhigt?"

Die Haushälterin nickte. „Wenn ich weiß, daß dieses eklige Tier nicht mehr da ist, wenn ich morgen früh wiederkomme, ist alles in Ordnung, Doktor", sagte sie und strich sich die Schürze glatt. „Ich habe nichts gegen Katzen und Hunde oder gegen Kaninchen und Küken. Und das Äffchen, das eine Zeitlang bei uns gewohnt hat, war auch sehr nett. Aber Spinnen, nein, pfui Teufel! Da könnte ich hier nicht mehr arbeiten, wenn so ein Tier im Haus wäre!"

Teddy seufzte und schloß die Käseschachtel. „Na, dann wollen wir nach oben verschwinden, Hermann", sagte er. „Du kannst dich da mit meinen Hamstern unterhalten." Mit diesen Worten trottete er beleidigt zur Tür hinaus.

„Nimm's dir nicht zu Herzen, Teddy!" rief Linda ihm nach. „Ich kann deinen Kummer nur allzugut verstehen."

„Mir kommt keine Spinne ins Haus und auch kein Schweinchen!" sagte der Tierarzt zu Linda.

„Schweinchen?" fragte Erin. „Was willst du damit sagen?"

„Okay, Paps, ich habe verstanden", meinte Linda, und ihre Stimme klang traurig. Bislang hatte sie noch immer ein wenig gehofft, ihr Vater würde sich noch erweichen lassen, aber jetzt stand es ein für alle Male fest, daß sie Pippin den Kleinen nicht bei sich aufnehmen durfte. „Was gibt es denn zum Abendessen?“ fragte sie die Haushälterin.

„Gulasch“, erwiderte Frau Racer. „Und für dich eine Gemüsepfanne.“ Sie nahm die Schürze ab und hängte sie an die Küchentür. „Ich ziehe mir schon mal den Mantel an. Mein Sohn Henry wird jeden Augenblick da sein.“

Gulasch! dachte Linda und sah im Geiste die niedlichen kleinen Ferkel vor sich. Dann fiel ihr die Aufschrift auf Herrn Pollards Lieferwagen ein: *Pollards Fleisch- und Wurstwaren.* Darunter war ein grinsendes Schwein abgebildet. Plötzlich war Lindas Hunger wie weggeblasen, und sie hatte auch keinen Appetit mehr auf die Gemüsepfanne.

„Darf ich nun fahren oder nicht?“ fragte Erin ihren Vater, nachdem sie mit dem Essen fertig waren. Linda verteilte den Kokosnußkuchen, den Frau Racer gebacken hatte.

„Wohin denn?“ fragte ihr Vater geistesabwesend.

„Nach New York natürlich“, meinte Erin. „Zu Tante Peggy. Nur weil Linda nicht will, muß ich doch nicht auf die Reise verzichten? Ich bin alt genug, um allein mit dem Zug zu fahren.“

„Ich habe gesagt, daß ich noch darüber nachdenken will“, erwiderte ihr Vater. „Und bis jetzt habe ich dazu keine Zeit gehabt. Daran ist dein Bruder mit seiner Spinne schuld.“

Teddy warf ihm einen finsteren Blick zu und stocherte mit der Gabel in dem Kuchen herum. „Ich finde, du solltest sie fahren lassen“, sagte er mit vollem Mund. „Und Tom sollte zu uns kommen. Vielleicht ändert er sich, wenn er mit den Jungs hier zusammen ist.“

„Bist du ganz sicher, daß du nicht mit Erin fahren willst?“ fragte der Tierarzt Linda.

„Ja. Ich mach’ mir nichts aus New York. Und wie ich bereits gesagt habe, wollen Jill und ich eine Menge unternehmen. Außerdem möchte ich den ganzen Tag im Tier-Treff sein.“ Sie lächelte Erin zu. „Aber Erin soll auf alle Fälle zu Tante Peggy fahren. Ihr wird es sicher dort gefallen. Ich wette, die beiden werden jeden Abend in eine Ballettvorstellung gehen.“

„Paps, sag endlich ja!“ drängte Erin ihn. „Ich will doch genau wie Mama eine große Tänzerin werden, und dazu muß ich jetzt schon die besten Ballettänzer der Welt kennenlernen. Da ist doch New York genau der richtige Ort dafür. Wenn ich jetzt nicht hinfahre, werde ich nie eine große Ballerina werden, das fühle ich.“

Der Tierarzt kratzte den Teller sauber und meinte schließlich: „Ja, warum eigentlich nicht?“

Erin und Linda sahen sich erleichtert an.

„Und Tom soll zu uns kommen. Das ist eine ausgezeichnete Idee. Ich werde Tante Peggy noch heute einen Brief schreiben“, fuhr ihr Vater fort.

„Ruf sie doch an“, schlug Erin vor. „Ja, ruf sie gleich jetzt an!“ Sie hob den Hörer des Küchentelefons ab und reichte ihn ihrem Vater.

„Ich suche die Nummer“, meinte Linda und lief ins Wohnzimmer. Gleich darauf kam sie mit dem Adreßbuch ihres Vaters wieder.

Der Tierarzt suchte die Nummer heraus und sagte: „Nun gut, ich rufe sie an. Sonst gebt ihr ja doch keine Ruhe."

Erin hüpfte vor Freude in der Küche herum. Linda räumte den Tisch ab, und Teddy half ihr, das Geschirr in die Spülmaschine zu stellen.

„Peggy, hier spricht Ted", meldete sich der Tierarzt. „Ich habe deinen Brief erhalten, und es sieht ganz so aus, als müßtest du dich auf einen Gast einstellen... Ja, nur einen. Linda möchte lieber hierbleiben, aber Erin freut sich riesig über deine Einladung."

„Ich kann es kaum noch erwarten!" rief Erin in den Hörer. „Vielen Dank, Tante!"

Dann sprach ihr Vater noch ein paar Minuten mit Tante Peggy über Erins bevorstehende Reise. „Wir freuen uns sehr auf Tom. Schön, daß sich die beiden Jungs wiedersehen..."

„Frag sie, ob Tom noch immer ein so langweiliger Tropf ist", sagte Teddy laut und erntete von Linda einen strafenden Blick.

Der Tierarzt zog die Stirn in Falten und schüttelte ungehalten den Kopf. „Ja, das war Teddys Stimme", sagte er in den Hörer. „Was er gesagt hat?... Oh..., er fragte, ob Tom noch immer ein so kluger Kopf ist."

Linda, Erin und Teddy hielten sich die Hand vor den Mund, um nicht laut loszuprusten, während ihr Vater ihnen einen bösen Blick zuwarf.

Nachdem er den Reisetermin und andere Details mit Tante Peggy geklärt hatte, hing er ein.

„Paps, da hast du aber einen Geistesblitz gehabt",

3 9876-8

meinte Linda und hatte Mühe, ernst zu bleiben.

„Ja, Tom ist ein kluger Kopf", witzelte Teddy.

Ihr Vater aber fand das überhaupt nicht komisch und sagte vorwurfsvoll zu seinem Jüngsten: „Du hast deinen Cousin schon lange nicht mehr gesehen. Gewiß ist er kein solcher Wildfang wie du, aber das heißt noch lange nicht, daß er ein langweiliger Tropf ist. Vielleicht wirst du eine Überraschung mit ihm erleben. Er kann inzwischen ein großer, lebhafter Junge geworden sein, der sich besser zu wehren weiß als du. Menschen ändern sich bekannterweise."

„Tut mir leid, Paps. Es war nicht bös gemeint", entschuldigte sich Teddy und betrachtete seine Fußspitzen. Gleich darauf hellte sich seine Miene wieder auf. „Vielleicht ist Tom ein toller Baseballspieler", kam es ihm plötzlich in den Sinn. „Dann muß ich ihm unbedingt unsere beiden Mannschaften zeigen. Ob er auch Baseball-Karten sammelt? Dann könnten wir untereinander tauschen."

„Ich finde, du solltest ihm einen Brief schreiben", schlug sein Vater ihm vor. „So schreibt er dir zurück, und du weißt schon etwas mehr über ihn, bevor er hier ist."

„Das ist eine gute Idee", sagte Teddy. „Ich frage ihn, ob er Haustiere hat. Sicherlich hat er keine Spinne."

„Du auch nicht, Teddy", erinnerte ihn sein Vater. „Warum gehst du nicht gleich hinauf in dein Zimmer und schreibst ihm?"

„Mach ich, Paps", erwiderte Teddy. „Und ihr beide kommt mit mir", wandte er sich an die Hunde. „Wenn ich mit dem Brief fertig bin, machen wir einen Spaziergang."

Nachdem Teddy mit Jocko und Sunshine nach oben gegangen war, warf sich Erin ihrem Vater in die Arme und küßte ihn stürmisch auf beide Wangen. „Paps, vielen Dank, daß du mich fahren läßt! Das wird sicher mein aufregendstes Erlebnis!"

Der Tierarzt drückte die Zwölfjährige fest an sich und sagte mit ernster Miene: „Freust du dich wirklich so, von zu Hause wegzukommen?"

Der Ton, der in seiner Stimme mitschwang, schnürte Linda die Kehle zu. Was machte ihn plötzlich so traurig? fragte sie sich. Erin ging schließlich nicht für immer fort, sondern nur für zehn Tage. Aber im selben Augenblick wurde ihr bewußt, daß sie all die Jahre immer zusammen gewesen waren. Weder Teddy noch Erin oder sie selbst waren mehr als einen Tag lang fort gewesen. Sicherlich würden sie Erin sehr vermissen.

„Paps, sie ist ja nur zehn Tage weg", sagte Linda.

„Ich werde euch jeden Tag eine Ansichtskarte schikken. Oh, es wird sicher eine super Zeit werden!"

„Erin, ich glaube, wir sollten jetzt die Kaninchen und die Enten füttern. Auch Teddys Küken haben noch nichts zu fressen bekommen."

Erin machte ein langes Gesicht. „Die kann Teddy aber selber füttern!" sagte sie.

„Nein, er hat jetzt keine Zeit. Der Brief ist wichtiger", erklärte Linda ihr. „Morgen wird er sie wieder füttern."

„Okay, aber wenn wir damit fertig sind, gehe ich noch zu Olivia. Sie wird sicher ganz blaß werden vor Neid, wenn ich erzähle, daß ich nach New York fahren darf."

Dann ging sie mit Linda auf den Hof hinaus. Linda legte den Arm um die Schultern ihrer jüngeren Schwester, und allmählich wich das Unbehagen, das sie bei dem Gedanken an Erins Abwesenheit überkommen hatte. Nichts würde sich ändern, denn schließlich würde Erin nur zehn Tage fort sein.

Auf dem Bahnhof

Die nächsten zwei Wochen vergingen wie im Flug. Wann immer Linda etwas Zeit hatte, fuhr sie mit dem Fahrrad zu Herrn Pollards Schweinefarm, um nach Pippin dem Kleinen zu sehen. Es hatte nicht den Anschein, daß er größer wurde, wenngleich sein Gesundheitszustand sich zusehends besserte. Die anderen Schweinchen hingegen wurden von Tag zu Tag dicker und größer. Pippin aber wurde nicht dicker, was Linda große Sorgen bereitete.

Toby nahm die Sache nicht ernst. „Mach dir seinetwegen keine Sorgen", sagte er zu Linda: „Der wird schon noch. Die Hauptsache ist, er lebt."

Linda sah das ein, aber dennoch war sie fest davon überzeugt, daß Pippin nicht genug zu fressen bekam. Und wenn das der Fall war, würde er schwächer und schwächer werden und eines Tages sterben.

Erin packte ihre Sachen für New York und hatte schreckliches Reisefieber. Plötzlich fand sie, daß sie nicht die richtige Kleidung für die Großstadt hatte, und so durfte sie sich in Begleitung von Olivias Mutter ein paar neue Sachen aussuchen. Als sie von ihrem Einkaufsbummel zurückkam, hatte sie alles, womit sie sich in einer Großstadt wie New York sehen lassen konnte. Am besten gefiel sie sich in einem großgeblümten Kleid mit einem weiten Rock. Dazu wollte sie eine weiße Strumpfhose und schwarze Ballerinaschuhe anziehen.

„Du solltest dir auch ein paar neue Klamotten zulegen“, sagte sie zu Linda. „Ewig hast du Jeans und Sweatshirts an. Und mit deinen Haaren müßtest du auch was machen. Wenn ich so dichte, kastanienbraune Haare hätte, würde ich mir eine tolle Frisur verpassen lassen. Aber leider sind meine dünn und farblos.“

„Du hast sehr hübsches Haar, es ist nicht farblos, sondern aschblond. Genau wie das von Mama. Aber wann sollte ich jemals ein Kleid anziehen? Kannst du mir das verraten? Soll ich womöglich in einem Seidenkleid die Tiere in der Klinik auf den Arm nehmen? Und wenn ich auf Ghost ausreiten will? Was ist dann?“

Erin seufzte. „Ach, Linda, wie schön wäre es, wenn du mit nach New York kämst! Ich wette, es würde dir dort unheimlich gut gefallen.“

„Und wenn ich mich endlich an die Großstadt gewöhnt hätte, müßten wir schon wieder abreisen“, sagte Linda. „Nein, ich bleibe lieber hier bei Paps. Du wirst auch ohne mich eine herrliche Zeit verbringen, und wenn du wieder zurück bist, kannst du mir alles erzählen.“

„Wenn ich eines Tages eine berühmte Tänzerin bin, dann mußt du mich unbedingt in New York besuchen. Aber bitte komm nicht in diesen abgewetzten Jeans...“

„Heißt das, daß du mich dann nicht empfangen würdest?“ fragte Linda.

„Doch, aber ich würde meinen Freunden erzählen,

daß du meine exzentrische Schwester aus der Provinz bist. Ich wette, sie werden sich dann genauso über dich wundern wie wir uns über Maggie Rafferty."

Linda dachte einen Augenblick an die liebenswerte alte Dame, die so viele Tiere aus dem Tierheim bei sich aufgenommen hatte, nachdem dieses abgebrannt war. Maggie war exzentrisch, aber sie hatte ein Herz aus Gold. Nein, es würde sie nicht stören, eines Tages wie Maggie zu sein.

Und dann war es endlich soweit: Erin war reisefertig. Der Tierarzt trug ihren Koffer zum Wagen, während sie sich bei Frau Racer verabschiedete.

„Versprich mir, daß du gut auf dich aufpaßt", sagte die Haushälterin zu ihr. „Und geh ja nie allein fort. In einer Großstadt kann man nicht vorsichtig genug sein, bei all dem Gesindel, das sich da rumtreibt." Sie strich über Erins seidiges Haar. „Mir wäre viel wohler zumute, wenn Linda dich begleiten würde. Hoffentlich vergißt deine Tante nicht, dich vom Bahnhof abzuholen!"

„Ganz bestimmt nicht, Frau Racer", beruhigte Erin die alte Dame und drückte ihr einen Kuß auf die Wange. „Machen Sie sich keine Sorgen. Es wird schon alles gutgehen."

„Aber im Fall, daß sie dich nicht vom Zug abholt, gehst du auf die nächste Polizeiwache", fuhr Frau Racer fort. „Und du gibst den Beamten die Telefonnummer deiner Tante, damit sie bei ihr anrufen. Hast du sie dir überhaupt notiert?"

„Ja, hab' ich", sagte Erin geduldig. „Ich habe sie in meiner Handtasche."

„Nun komm schon", rief Teddy ungehalten und zerrte an Erins Ärmel.

„Keine Angst, Frau Racer, Erin wird nichts zustoßen", mischte sich nun Linda ein. „Sobald sie bei Tante Peggy angekommen ist, wird sie uns anrufen. Aber jetzt müssen wir wirklich gehen, sonst versäumt sie noch den Zug."

„Das wäre vielleicht gar nicht so schlecht", meinte Frau Racer. Dann umarmte sie Erin ein letztes Mal und wischte sich mit der Schürze über die Augen, während sie ins Haus ging.

Teddy rannte zum Auto. Linda betrachtete Erin von der Seite und mußte feststellen, daß sie eigentlich gar nicht mehr so klein war, wie sie immer meinte. Sie war beinahe so groß wie Frau Racer, die allerdings ziemlich klein war. Aber Erin hatte den aufrechten Gang einer Ballerina, und in dem neuen Kleid sah sie noch selbstbewußter aus als sonst. Linda entging es nicht, daß sie nicht ein einziges Mal zurückschaute. Wahrscheinlich war sie mit ihren Gedanken schon in New York.

Erin nahm vorne neben ihrem Vater Platz, und Linda setzte sich zu Teddy auf die Rückbank. Gleich darauf fuhren sie los.

„Ich kann es nicht fassen, daß es nun soweit ist", sagte Erin. „Ich bin tatsächlich auf dem Weg nach New York!"

„Und Tom ist nach Essex unterwegs", sagte Teddy. „Er kommt eine halbe Stunde nach deiner Abfahrt an. Komisch, er hat meinen Brief nie beantwortet. Ich bin wirklich gespannt auf ihn."

„Das gleiche wird wahrscheinlich auch er denken",

sagte sein Vater. „Aber bald werdet ihr ja Gelegenheit haben, euch kennenzulernen."

Teddy nickte. Dann sagte er: „Toll, daß wir zwei Wochen Ferien haben! Wir werden Baseball spielen, vielleicht fischen gehen, und Eric, Billy und Sparky dürfen auch einmal bei uns übernachten. Nicht wahr, Paps?"

Erin drehte sich zu Teddy um. „Und vermissen wirst du mich wohl gar nicht?"

„I wo! Du wirst mich ja auch nicht vermissen, bei all dem Mädchenkram, den du in New York machen wirst. Ich wette, du wirst niemanden von uns vermissen."

Linda wünschte, Erin würde sagen, daß ihr alle schrecklich fehlen würden, aber sie tat es nicht.

Eine halbe Stunde später standen sie auf dem Bahnsteig.

„Hast du auch deine Fahrkarte griffbereit, wenn der Schaffner kommt?" erkundigte sich der Tierarzt. „Und vergiß nicht, ihn zu fragen, wann du aussteigen mußt, damit du rechtzeitig fertig bist."

„Ach, Paps, ich hab' doch nur diesen Koffer", sagte Erin. „Du und Frau Racer, ihr tut ja gerade so, als wäre ich noch ein kleines Kind. Tom ist erst neun und kommt ganz allein. Wenn er weiß, wo er aussteigen muß, dann kann ich das auch." Sie schaute in die Richtung, aus der der Zug kommen mußte, und sagte aufgeregt: „Ich glaube, ich höre ihn schon. Er ist ganz pünktlich."

Wenig später fuhr der Schnellzug in den Bahnhof ein. Die Reisenden nahmen ihr Gepäck und machten sich zum Einstieg bereit.

„Da", sagte Linda und reichte Erin eine Zeitschrift. „Es

ist die neueste Ausgabe der *Ballettrevue.* Ich dachte, du würdest sie gern während der Fahrt lesen."

„Oh, vielen Dank, Linda!" rief Erin erfreut und umarmte ihre Schwester.

Linda wünschte sich in diesem Augenblick, Erin würde nicht wegfahren.

„Paß gut auf Dandy auf", sagte Erin zu Linda. „Und laß ja Cleveland nicht in mein Zimmer!"

„Natürlich nicht", beruhigte Linda sie. Sie wußte, wie sehr ihre Schwester an dem Kanarienvogel hing.

Dann nahm Erin Abschied von ihrem Vater. „Ich werde euch jeden Tag schreiben, das verspreche ich. Und sobald ich bei Tante Peggy bin, rufe ich euch an."

Teddy trat von einem Fuß auf den anderen und blickte zu Boden, während er sagte: „Bis bald, Erin. Ich glaube, ein bißchen werde ich dich doch vermissen. Aber nur ein bißchen." Dann streckte er ihr seine Faust entgegen. „Ich hab' dir ein paar Fruchtbonbons mitgebracht. Jedes hat einen anderen Geschmack. Nur für den Fall, daß du hungrig wirst."

„Fruchtbonbons!" freute sich Erin. „Die hab' ich am liebsten." Sie steckte sie in ihre Tasche und meinte: „Darf ich dir einen Abschiedskuß geben?"

„Okay, mach aber schnell!" sagte Teddy

Erin beugte sich zu ihm herunter und küßte seine rote Wange. Da schlang Teddy seine Arme um sie und umarmte sie ganz fest. „Mach's gut", sagte er leise.

„Du auch."

Dann nahm der Tierarzt Erin an der Hand und half ihr beim Einsteigen. Einen Augenblick später stand er wieder auf dem Bahnsteig.

„Sie hat einen Fensterplatz", sagte er. „Hier ist sie ja! Winkt ihr zum Abschied!"

Linda und Teddy winkten heftig, und Erin winkte zurück. Linda fand, daß ihr Gesicht hinter der Fensterscheibe plötzlich ganz klein aussah. Aber es strahlte. Ja, das tat es.

Nachdem der letzte Fahrgast in den Zug gestiegen war, schlossen sich die Türen, und der Zug rollte langsam aus dem Bahnhof. Doktor Taylor legte einen Arm um Linda und den anderen um Teddy, und so blieben sie stehen, bis der Zug verschwunden war.

„Was haltet ihr jetzt von einem schönen Frühstück?" sagte der Tierarzt. „Ich habe einen Bärenhunger. Ihr nicht?"

Linda war nicht nach Essen zumute, aber sie nickte.

„Ja, ich möchte Cornflakes und Rührei mit Schinken!" rief Teddy begeistert. „Und eine Tasse heiße Schokolade!"

Als sie die Bahnhofshalle durchquerten, sagte Linda zu ihrem Vater: „Es geht sicher alles gut, nicht wahr?"

Der Tierarzt lächelte ihr zu und sagte: „Sicher, Linda. Mach dir wegen Erin keine Sorgen."

Eine halbe Stunde später standen sie wieder auf dem Bahnsteig und warteten auf den Zug, mit dem Tom kommen sollte.

Als der Zug mit quietschenden Bremsen zum Stehen kam, konnte sich Teddy vor Aufregung kaum noch beherrschen und sprang unruhig von einem Bein aufs andere. „Ist er das?" fragte er, als ein Junge, der etwa in seinem Alter war, aus dem Zug sprang. Aber es war nicht Tom, denn hinter ihm stieg ein Ehepaar aus, das

Erin strahlte vor Glück und winkte allen noch einmal zu

offensichtlich seine Eltern waren.

Als die letzten Leute ausgestiegen waren und Teddy schon befürchtete, Tom sei nicht gekommen, erblickten sie einen Jungen mit einer runden Hornbrille und einem dunkelblauen Blazer. Er blickte unruhig um sich, in den Händen hielt er einen Reisebeutel. Teddy entging es nicht, daß sein Haar sorgfältig gekämmt war.

„Das ist sicherlich Tom“, sagte Linda.

„Ganz bestimmt“, meinte ihr Vater.

„O Gott!“ stöhnte Teddy. „Der ist ja geschniegelt! Grauenhaft!“

„Man soll einen Menschen nie nach seinem Äußeren beurteilen“, wies ihn sein Vater zurecht und ging auf den Jungen zu. „Hallo, du bist doch sicher Tom!“ begrüßte er ihn.

„Und du bist Onkel Ted“, erwiderte der Junge.

„Klar, wenn du Tom bist, dann kann ich nur Onkel Ted sein“, erwiderte der Tierarzt lachend. „Und das hier sind dein Cousin Teddy und deine Cousine Linda.“

Tom streckte Teddy die Hand entgegen. „Schön, dich wiederzusehen, Teddy“, sagte er.

„Hallo, Tom. Fein, daß du gekommen bist“, murmelte Teddy. Dann wandte er sich Linda zu. „Na, hab' ich nicht recht gehabt? Er scheint noch immer ein langweiliger Tropf zu sein.“

Linda versetzte ihrem Bruder einen Stoß in die Rippen und sagte mit einem freundlichen Lächeln zu Tom: „Herzlich willkommen! Wir freuen uns sehr über deinen Besuch.“

„Ich auch“, meinte Tom. „Mein Koffer steht dort hinten.“ Er deutete mit der Hand auf einen kleinen Lederkoffer, der auf dem Bahnsteig stand. „Wer immer ihn trägt, soll vorsichtig damit umgehen, denn mein liebstes Videospiel ist drin."

Doktor Taylor hing sich Toms Reisebeutel über die Schulter. „Keine Sorge, mein Junge", sagte er. „Wir passen schon auf. Komm nur. Unser Wagen ist nicht weit von hier geparkt. Teddy, würdest du bitte Toms Koffer tragen?"

„Nein, ich trage ihn lieber selber", sagte Tom rasch. „Es ist nämlich noch mein elektronisches Schachspiel drin."

Linda war sofort klar, daß Tom kein großes Vertrauen zu Teddy hatte und ihm den Koffer nicht anvertrauen wollte.

„Du meinst, ein Schachcomputer?" fragte Teddy.

„Richtig. Ich verreise nie ohne ihn. Onkel Ted, Mama hat gesagt, daß du auch Schach spielst. Stimmt das?"

„Ja, früher einmal. Aber es ist eine ganze Weile her, daß ich nicht mehr gespielt habe. Sicherlich bin ich jetzt ein lausiger Spieler. Aber vielleicht kannst du mir helfen, meine Schachkenntnisse aufzupolieren?"

„Ja, sehr gerne!" sagte Tom und plagte sich mit dem Koffer ab, während er die Treppe hinaufstieg.

„Soll ich dir helfen?" erkundigte sich Linda.

„Nein, danke, das schaffe ich schon", meinte Tom.

Beim Wagen angekommen, setzte sich Linda neben ihren Vater, und Teddy und Tom nahmen auf dem Rücksitz Platz. Den Koffer stellten sie zwischen sich. Dann fuhr der Tierarzt aus dem Parkplatz und ordnete sich in den regen Straßenverkehr ein.

„Hattest du eine angenehme Reise?" erkundigte sich Linda.

„Ja, danke“, meinte Tom. „Mein Vater gab mir ein Buch mit, und ich habe es schon ausgelesen.“

„Was, das ganze Buch?“ staunte Teddy.

„Ja, warum nicht? Ich lese meistens ein Buch in einem Zug durch.“

„Ich auch“, sagte Linda. „Was ist dein Lieblingsbuch, Tom? Meines ist *Black Beauty.* Ich lese am liebsten Tiergeschichten.“

„Ich auch. Ich mag aber auch Abenteuerbücher.“

„Ich lese am liebsten Comics“, gab Teddy zu.

„Meine Eltern erlauben nicht, daß ich Comics lese“, sagte Tom.

„Na so was!“ wunderte sich Teddy. „Sind die so streng?“

„Nein, aber sie sagen mir, was gut ist für mich und was nicht. Sie sagen mir auch ständig, daß sie nur mich haben und immer mein Bestes wollen.“

„Findest du das toll, ein Einzelkind zu sein?“ fragte Linda.

„O ja“, sagte Tom. „Ich bin es gewohnt, genauso wie ihr es gewohnt seid, Geschwister zu haben.“

„Fühlst du dich denn nie einsam?“ fragte Teddy.

„Nein, ich kann mich sehr gut allein beschäftigen. Außerdem habe ich Freunde, mit denen ich spielen kann. Ich habe eine Menge Freunde in meiner Schule. Manche von ihnen wohnen sogar im selben Haus wie wir.“

Teddy stützte sich auf dem Koffer auf und betrachtete Tom nachdenklich. „Hast du keinen Spitznamen, den dir deine Freunde verpaßt haben?“

Tom schüttelte den Kopf. „Nein, sie nennen mich alle Tom.“ Er überlegte einen Augenblick lang und meinte dann: „Ja, als ich meine erste Brille bekam, da nannten mich einige Professor. Aber das waren keine wirklichen Freunde.“

„Professor?“ sagte Teddy gedehnt.

Linda ahnte, was im Kopf ihres kleinen Bruders vor sich ging, und sah ihn warnend an.

„Sag mal, Tom, hast du ein Haustier?“ erkundigte sich Doktor Taylor, um das Thema zu wechseln.

„Nein, Onkel Ted“, erwiderte Tom.

„Wie langweilig!“ stöhnte Teddy.

„Wir haben eine ganze Menge“, erzählte Linda. „Einen Kater, zwei Hunde, einen Kanarienvogel, vier Hamster...“

Wenn Linda von ihren Tieren sprach, dann konnte sie niemand mehr bremsen. So redete sie in einem fort, bis sie zu Hause angekommen waren. Teddy und Tom hingegen hatten kein Wort mehr miteinander gewechselt.

Wie Öl und Wasser

„Paps, ich glaube, das wird nicht gutgehen“, sagte Linda am Abend, nachdem die beiden Jungen zu Bett gegangen waren. Linda und ihr Vater hatten ihnen eine gute Nacht gewünscht. Tom schlief in Erins Zimmer.

„Wir freuen uns, daß du bei uns bist, Tom“, hatte der Tierarzt zu seinem Neffen gesagt. „Wir werden sicher viel Spaß bei unseren Schachpartien haben. Ich danke dir auch, daß du mir deinen Schachcomputer erklären willst.“

„Das tu' ich doch gerne", sagte Tom. Ohne Brille hatte er ein ganz schmales Kindergesicht, fiel Linda sofort auf, als sie sich über ihn beugte, um ihm einen Gute-Nacht-Kuß zu geben. „Morgen mußt du mit Teddy zum Tier-Treff kommen", sagte sie. „Und am Nachmittag haben sich Teddys Freunde bei uns angesagt. Die werden dir sicher gefallen. Es sind sehr nette Jungs."

Doktor Taylor strich Tom die Haare aus der Stirn. „Schlaf gut, mein Junge", sagte er zu ihm. „Wir sehen uns morgen früh."

„Gute Nacht, Onkel Ted", sagte der Junge. „Gute Nacht, Linda." Gleich darauf fielen ihm die Augen zu.

Der Tierarzt drehte das Licht aus und ging dann mit Linda aus dem Zimmer. Gerade als Linda die Tür schließen wollte, hörte sie Tom sagen: „Könnt ihr bitte die Tür offenlassen. Es ist sonst so dunkel hier drin."

„Selbstverständlich", erwiderte Linda und ging mit ihrem Vater in Teddys Zimmer.

Der Junge lag zusammengerollt in seinem Bett, war aber noch wach. Linda blieb einen Moment lang im Türrahmen stehen. Irgend etwas war anders als sonst. Oder bildete sie sich das nur ein? Die Hamster turnten wie immer lebhaft in ihrem Käfig herum. Teddys Kleider und Spielsachen lagen auf dem Boden verstreut, was auch ganz normal war. Aber irgend etwas fehlte in dem üblichen Bild. Plötzlich fiel ihr ein, was es war. Teddy schlief jede Nacht mit Kuschel-Wuschel, seinem alten Plüschbären. Sie selbst und später Erin hatten schon mit ihm gespielt. Dann war er in Teddys Besitz übergegangen. Aber heute war Kuschel-Wuschel nirgends zu sehen.

„Wo hast du denn deinen Bären?" fragte sie den Jungen.

Doch Teddy sagte nur: „Ist Tom schon zu Bett gegangen?"

„Ja, er schläft schon", erwiderte sein Vater.

„Gut", sagte Teddy und verschwand einen Augenblick unter der Bettdecke. Dann tauchte er wieder mit Kuschel-Wuschel auf. „Ich möchte nicht, daß der Professor ihn sieht", sagte er. „Womöglich hält er mich für kindisch."

Sein Vater setzte sich auf das Bett und sah Teddy mit ernster Miene an. „Ich sage es dir zum letzten Mal: Ich erlaube nicht, daß du über Tom abfällig sprichst. Er ist weder ein Professor noch ein dummer Tropf. Merk dir das."

„Aber wenn es stimmt!" verteidigte sich Teddy. „Und ein Feigling ist er auch. Er hat sogar vor Cleveland und den Hunden Angst. Und er hat keinen blassen Schimmer von Baseball oder von Football. Er liest nur in seinen dämlichen Büchern oder spielt mit dem Schachcomputer oder auf dem Klavier."

„Tom spielt sehr gut Klavier für sein Alter", sagte der Tierarzt ruhig. „Was er uns vor dem Abendessen vorgespielt hat, war ein Stück von Mozart, das dieser im Alter von neun Jahren komponiert hat."

„Na, wenn schon", meinte Teddy abschätzig. „Sag mir jetzt nur nicht, daß Tom ein kleines Genie ist. Das interessiert mich nämlich nicht die Bohne. Ich wünschte, er würde wieder nach New York zurückfahren, wo er hingehört. Er ist der langweiligste Junge, der mir je untergekommen ist."

4 9876-8

„Du kennst ihn viel zu wenig, um so was behaupten zu können", mischte sich nun Linda ein. „Ich finde, er ist ein sehr netter Junge. Ein bißchen still, aber sehr nett."

„Er ist nett, okay, aber seine Nettigkeit langweilt mich zu Tode!" sagte Teddy. „Wenn ich mir vorstelle, daß er zehn Tage lang bei uns rumhängt..."

„Ein Tag ist bereits um", sagte sein Vater. „Es sind also nur noch neun."

„Das sind die schlimmsten Pfingstferien, die ich je gehabt habe!" stöhnte Teddy und drückte Kuschel-Wuschel fester an sich. „Können wir ihn wirklich nicht früher nach Hause schicken?"

„Ausgeschlossen", sagte sein Vater entschieden. „Tom ist schließlich dein Cousin und mein Neffe. Er gehört zu unserer Familie. Gib ihm doch eine Chance, Teddy. Du wirst sehen, er braucht nur ein paar Tage, um sich bei uns einzugewöhnen."

„Das kann ich mir nicht vorstellen", brummte Teddy. „Der wird hier nie herumtollen, geschleckt, wie er aussieht. Seine Haare sehen aus, als hätte er sie an den Kopf gekleistert. Überhaupt ist alles so schrecklich ordentlich an ihm. Seine Hosen haben perfekte Bügelfalten, und seine Socken sind schneeweiß."

Doktor Taylor sah sich in Teddys Zimmer um. „Ein wenig Ordnungssinn würde dir auch ganz guttun", stellte er fest.

„Tom ist nicht ein wenig ordentlich, er ist übertrieben ordentlich. Er kommt mir vor wie ein alter Mann, der sich wie ein Kind aufführt."

Linda konnte sich nur mit Mühe das Lachen verkneifen, denn Teddy traf mit diesem Vergleich den Nagel auf den Kopf. Sie beugte sich über den Bruder, um ihm einen Gute-Nacht-Kuß zu geben. „Schlaf gut und träume süß", sagte sie.

„Du auch, Schwesterherz", erwiderte Teddy. „Sag, hast du womöglich vorher Tom geküßt?" fragte er und verzog das Gesicht zu einer Grimasse.

Linda schüttelte den Kopf, sie wollte die Sache nicht noch schlimmer machen.

Teddy schlang die Arme um den Hals seines Vaters und sagte: „Ich will versuchen, mich an ihn zu gewöhnen, Paps. Ich werde ihn auch nicht mehr Professor oder dummen Tropf nennen."

Der Tierarzt zerzauste mit der Hand Teddys hellen Lockenkopf. „Okay, ich verlasse mich auf dich. Gute Nacht, mein Junge."

„Gute Nacht, Paps."

Linda und ihr Vater verließen das Zimmer und gingen noch in das Arbeitszimmer des Tierarztes, um einige Sachen zu besprechen.

„Ich glaube, das wird nicht gutgehen mit den beiden", sagte sie noch einmal und setzte sich auf den Boden, zu Füßen ihres Vaters, der in seinem Schaukelstuhl Platz genommen hatte. „Teddy und Tom sind wie...", sie suchte nach den passenden Worten, „wie Essig und Öl", meinte sie schließlich.

Ihr Vater lächelte. „Ich glaube, du verwechselst das mit Öl und Wasser. Du weiß doch, wenn man Essig und Öl miteinander vermischt, wird eine homogene Salatsauce daraus. Und das gleiche muß man mit Teddy und Tom tun. Man muß sie die ganze Zeit zusammenstekken. Dann werden sie eines Tages herausfinden, daß sie doch eine ganze Menge miteinander gemeinsam haben."

„Ich weiß nicht, Paps", meinte Linda. „Das einzig Gemeinsame, das ich bis jetzt an ihnen feststellen konnte, ist die Tatsache, daß beide Jungen sind."

„Teddy und Sparky haben nicht einmal das gemeinsam gehabt. Und sieh dir die beiden heute an, sie sind ein Herz und eine Seele. Wieviel Streit gab es doch zwischen diesem eigenwilligen kleinen Mädchen und Teddy, bis sie endlich gute Freunde wurden. — Aber wenigstens hat Erin einen sehr glücklichen Eindruck gemacht, als sie heute nachmittag anrief."

„Ja, Erin genießt jede Minute in New York", sagte Linda.

„Hast du was, Linda?" fragte ihr Vater, denn ihre Stimme klang plötzlich betrübt. „Bereust du es, daß du nicht mit ihr gefahren bist?"

„Nein, Paps, ganz bestimmt nicht. Es ist nur..., nun ja, ich wünschte nur, Erin würde uns ein klein wenig vermissen. Ich habe den Eindruck, daß wir ihr ganz gleichgültig sind. Mir fehlt sie schrecklich, um ehrlich zu sein. Mir hat sie schon gefehlt, bevor sie überhaupt abgereist war..."

„Weißt du was, Linda? Ich vermisse sie auch", gestand ihr der Vater. „Aber ich möchte nicht, daß Erin unter Heimweh leidet. Das willst du doch sicher auch nicht. Natürlich hängt sie an uns, aber jetzt erlebt sie so viel Neues jeden Tag, daß sie gar keine Zeit hat, sich nach uns zu sehnen. Ich weiß nicht, wie du es empfindest, aber ich bin richtig stolz darauf, daß unsere kleine Erin ihren Aufenthalt in New York so genießt."

„Ich doch auch“, sagte Linda. „Aber auf Teddy bin ich sicher nicht stolz. Was sollen wir bloß mit den beiden Jungen tun?“

Der Tierarzt rieb sich nachdenklich den Bart. „Tom ist erst einen Tag bei uns. Bis jetzt haben wir ihn wie einen Gast behandelt, was er natürlich ist. Aber vielleicht ist gerade das der Grund dafür, daß er sich bei uns nicht wohl fühlt? Wir sollten ihn von nun an wie ein Familienmitglied behandeln, was er ja auch ist. Wir müssen ihm zu verstehen geben, daß er hier wie zu Hause ist und daß er nicht den artigen Jungen spielen muß. Es hängt sicher ganz von uns ab, wie sich Tom in Zukunft verhält. Wir müssen ihm klarmachen, daß er auch mit zerknitterten Hosen und zerrauften Haaren herumlaufen kann.“

„Der und zerknittert und zerrauft?“ Linda schüttelte den Kopf. „Ich glaube nicht, daß wir das bei ihm erleben werden.“

Ihr Vater lächelte und fuhr mit der Hand über ihr kastanienbraunes Haar. „Kommt Zeit, kommt Rat, Linda. Aber wie wär's, wenn du ihn wie Erin behandeltest?“

„Du meinst, ich soll ihm Arbeiten anschaffen und so?“ fragte Linda.

„Ja, genau das meine ich. Tante Peggy möchte doch, daß er sieht, wie andere Leute leben, und das werden wir ihm zeigen.“

Am nächsten Morgen war Linda schon sehr früh ausgeschlafen. Meistens bereitete sie am Wochenende das Frühstück für die ganze Familie zu. Als Teddy und Tom die Küche betraten, war sie gerade damit beschäftigt,

ein paar Eier in die Pfanne zu schlagen.
„Morgen, Jungs!“ begrüßte sie die beiden. „Habt ihr gut geschlafen?“
„Danke, sehr gut“, erwiderte Tom.
„Was gibt's zum Frühstück?“ erkundigte sich Teddy. „Ich komme fast um vor Hunger.“
„Rührei mit Schinken“, antwortete Linda. „Aber vorher müßt ihr noch die Hunde hinauslassen.“
„Ich auch?“ fragte Tom verwundert.
„Na, klar“, sagte Linda. „Hast du noch nie einen Hund ausgeführt?“
„Um ehrlich zu sein, nein“, gestand der Junge. „Ich kenn' mich mit Hunden nicht aus.“
„Dazu mußt du dich nicht auskennen“, sagte Teddy. „Alles, was du tun mußt, ist, ihnen die Leine anlegen und mit ihnen spazierengehen.“ Er befestigte die Leinen an den Halsbändern der Hunde und drückte die Jockos dem Jungen in die Hand. „Nun komm schon, Tom!“ forderte er seinen Cousin auf.
Jocko folgte Teddy und Sunshine und zog Tom hinter sich nach.
„Ist der aber stark!“ stellte Tom fest, als der Hund heftig an der Leine zerrte.
„Laß ihn aber ja nicht los“, rief ihm Teddy über die Schulter zu. „Jocko ist ein schneller Läufer. Wenn er dir entwischt, kannst du ihn im nächsten Ort suchen gehen!“
Dann fiel die Tür hinter ihnen ins Schloß.
Linda legte den Schinken auf eine Platte und stellte diese in den Mikrowellenherd. Dann schnitt sie das Brot und stellte Butter und Marmelade auf den Tisch. Bis die

„Ist der aber stark!“ stellte Tom fest, als der Hund heftig an der Leine zerrte

Jungen zurück waren, würde auch das Frühstück fertig sein, dachte sie.

„Guten Morgen, Kleines", ertönte die Stimme ihres Vaters hinter ihr. „Wo sind denn Teddy und Tom?"

„Die Hunde ausführen", erwiderte Linda. „Ich glaube, Tom ist etwas mulmig zumute, aber trotzdem ist er mit Jocko hinausgegangen."

„Gut so", meinte ihr Vater und setzte sich an den gedeckten Küchentisch. „Was duftet denn da so köstlich?"

„Der Schinken. Er ist im Mikrowellenherd", erklärte ihm Linda. „Dazu gibt's Rühreier."

„Ausgezeichnet. Und wie wär's mit Orangensaft?"

„Nur mit der Ruhe!" meinte Linda. „Alles der Reihe nach." Sie reichte ihrem Vater ein Glas und verrührte dann die Eier in der Pfanne. Kochen war nicht gerade ihre Stärke, aber bei Rühreiern konnte nicht viel schiefgehen.

Zwanzig Minuten später war das Rührei kalt geworden, und die Schinkenblätter waren stark zusammengeschrumpft.

„Sie sollten schon längst zurück sein", sagte der Tierarzt. „Außer, sie sind mit den Hunden ans andere Ende der Stadt gegangen."

„Paps, du solltest nicht länger mit dem Frühstück auf sie warten", meinte Linda. „Ich kann ja dann mit ihnen essen." Sie servierte ihm eine Portion Rühreier und legte sorgfältig den gebackenen Schinken darum herum. Wenigstens der Toast war frisch und knusprig!

Gerade als sich der Tierarzt über den Teller beugte, hörten sie die Haustür auffliegen, und gleich darauf trottete Sunshine mit hängender Zunge in die Küche. Teddy und Tom mit Jocko an der Leine folgten ihm.

„Tom hat ihn losgelassen!“ posaunte Teddy heraus. „Er hat die Leine fallengelassen, und Jocko ist uns entwischt. Ich dachte schon, wir würden ihn nicht mehr finden.“

„Tut mir leid“, entschuldigte sich Tom. „Aber Jocko ist viel stärker, als er aussieht. Und ich habe noch nie einen Hund an der Leine geführt.“

„Aber ich habe dir ausdrücklich gesagt, daß du ihn nicht loslassen darfst“, sagte Teddy vorwurfsvoll. Dann erst entdeckte er den Teller, den Linda ihm hinstellte. „Was ist das?“ fragte er.

„Das Frühstück“, erwiderte Linda.

„Aber was sind diese komischen Röllchen?“

„Schinken. Er ist ein bißchen hart geworden.“

„Ach so“, meinte Teddy und seufzte.

Tom nahm auf seinem Stuhl Platz. „Ich bin nicht sehr hungrig“, sagte er zu Linda.

„Möchtest du vielleicht eine Scheibe Toast und ein Glas Orangensaft?“ erkundigte sich Linda.

„Ja, gerne“, erwiderte Tom.

Linda nahm zwei Scheiben Brot aus dem Toaster und legte sie auf Toms Teller.

„Etwas Aprikosenmarmelade?“ fragte sie den Jungen.

„Orangenmarmelade habt ihr nicht zufällig im Haus?“ wollte Tom wissen.

„Igitt, die schmeckt viel zu bitter!“ sagte Teddy und schüttelte sich. „Stellt euch vor, Jocko hätte von einem Auto überfahren werden können...“

„Aber er ist es nicht“, beendete der Tierarzt dieses

Thema. „Probier trotzdem die Aprikosenmarmelade, Tom. Sie schmeckt ausgezeichnet."

„Danke", sagte Tom und strich sich einen Löffel Marmelade auf das geröstete Brot. „Wir haben immer Orangenmarmelade daheim", erzählte er. „Meine Mutter kauft eine bestimmte englische Sorte."

„Frau Racer hat die Aprikosenmarmelade gemacht", sagte Teddy undeutlich, da er den Mund voller Rührei hatte. „Sie macht die beste Marmelade der Welt!"

Dann schwiegen alle, und jeder tat so, als genieße er das Frühstück, das doch ziemlich mißglückt war.

„Es war köstlich", brach schließlich der Tierarzt das Schweigen. „Linda, vielen Dank. Seid ihr alle fertig? Dann sollten wir besser gleich zum Tier-Treff aufbrechen."

Die Tierklinik war auch samstags geöffnet, und die Sprechstunde begann in einer Viertelstunde.

„Ich stelle nur das Geschirr in die Spülmaschine", sagte Linda. „Teddy und Tom, könnt ihr inzwischen die Hunde füttern? Cleveland hat schon sein Futter bekommen."

„Ich weiß nicht, wie man Hunde füttert", gab Tom zu.

„Da, nimm", sagte Teddy und drückte Tom einen der Futternäpfe in die Hand. „Das ist ganz einfach. Du hältst die Näpfe, und ich fülle sie mit Futter." Er leerte Trockenfutter aus einem Karton hinein.

„Das soll Hundefutter sein?" staunte Tom. „Das sieht ja aus wie braune Kieselsteine!"

„Sie lieben es", erklärte ihm Teddy. „Hunde lieben alles, was sie mit den Zähnen knacken müssen. Orangenmarmelade aber ist ihnen ein Greuel."

Tom stellte die gefüllten Näpfe auf den Boden und streckte die Hände von sich. „Kann ich mir die Hände waschen?" fragte er. „An den Näpfen klebten noch Futterreste von der letzten Mahlzeit. Vielleicht sind Krankheitserreger darin?"

„Ja, wasch dir die Hände", meinte Linda.

Tom wusch sie sorgfältig und trocknete sie mit Küchenkrepp. Dann wandte er sich an den Tierarzt: „Onkel Ted, ich glaube, ich bleibe lieber zu Hause und lese ein wenig. Du brauchst mich doch nicht in der Tierklinik, oder?"

„Natürlich brauchen wir dich, Tom", entgegnete der Tierarzt. „Wir können nicht genug Hilfe haben. Du kannst später lesen. Die Klinik wird dir sicher gefallen. Linda wird dir ihr Reitpferd zeigen. Es heißt Gray Ghost. Wenn du willst, kannst du darauf reiten. Bist du schon mal geritten?"

„Ja, ich habe Reitstunden gehabt. Im *Central Park*, sechs Monate lang."

„Super!" sagte Linda. „Dann wollen wir mal gehen."

Teddy kramte in seiner Hosentasche und zog schließlich einen Brief hervor. „Ach, da ist der Brief, den ich dir vor ein paar Wochen geschrieben habe, Tom!" rief er überrascht. „Ich muß ganz vergessen haben, ihn aufzugeben."

Tom nahm den Brief entgegen, öffnete ihn und begann zu lesen. „Ich sammle keine Baseball-Karten", sagte er. „Ich interessiere mich nicht für Sport. Tut mir leid, Teddy. Ich glaube, wir haben überhaupt sehr wenig gemeinsam."

„Das macht nichts", meinte Teddy. „Das ist ja nicht

deine Schuld, wenn du ein ..." Er sprach den Satz nicht zu Ende, denn die mahnenden Worte seines Vaters kamen ihm in den Sinn.

„Schnell ins Auto!" rief der Tierarzt.

„Aber ich würde wirklich viel lieber was lesen", brummte Tom, als er hinter Linda und Teddy hertrottete.

Schade, wirklich schade, dachte Linda. Und das muß ausgerechnet uns passieren!

Der Musterknabe im Tier-Treff

„Pat, darf ich Ihnen meinen Neffen Tom vorstellen?" sagte der Tierarzt, als sie das Vorzimmer betraten. „Er verbringt die Pfingstferien bei uns. Tom, das ist Pat Dempwolf, meine Sprechstundenhilfe."

„Guten Tag", sagte Tom und schüttelte heftig Pats Hand.

„Schön, dich kennenzulernen, Tom", sagte die Sprechstundenhilfe.

Teddy verdrehte die Augen.

„Wo wohnst du denn sonst?" erkundigte sich Pat.

„In New York", erwiderte Tom.

„Erin ist gerade bei Tante Peggy, Toms Mutter, zu Besuch. Und dafür ist Tom zu uns gekommen", erklärte Linda der Sprechstundenhilfe.

„Ach, wie schön! Teddy freut sich sicher sehr, daß er einen so netten Spielgefährten hat", meinte Pat mit einem freundlichen Lächeln im Gesicht.

Teddy hüllte sich in Schweigen.

Pat öffnete ihre Handtasche, die auf dem Schreibtisch stand, und kramte zwei Lutscher hervor. „Aber nicht auf einmal den ganzen lutschen. Hebt euch etwas für den Nachmittag auf. Ich habe gleich zehn Stück für meine Enkelin Tiffany gekauft. Am liebsten hat sie den mit Kirschgeschmack“, sagte Pat.

„Danke, Pat.“ Teddy nahm den Lutscher und steckte ihn in die Hosentasche.

„Nein, danke, Frau Dempwolf“, lehnte Tom höflich ab, „aber ich darf keine Süßigkeiten naschen. Mein Vater sagt, das ist schlecht für die Zähne.“

Pat machte ein enttäuschtes Gesicht und wandte sich dann an Linda. „Willst du einen?“

„Klar, Pat“, sagte diese und steckte den Lutscher ein. „Ist Toby schon gekommen?“

„Ja, er gibt den Tieren bereits ihre Medikamente. Warum gehst du nicht mit Tom in die Krankenstation und zeigst ihm unsere Patienten? So kann er auch gleich Toby kennenlernen.“ Dann wandte sie sich Doktor Taylor zu und sagte: „Hier haben Sie die Karteikarten der Patienten von heute morgen. Charlie Tobias kommt um Viertel nach neun mit Scout, der gegen Tollwut geimpft werden muß. Und die Siamkatze von Frau Bradley ...“

„Komm, Tom“, sagte Linda zu dem Jungen, „ich stelle dir Toby vor“, und führte ihn in die Krankenstation.

„Wer ist Toby?“ wollte Tom wissen.

„Er ist der zweite Assistent meines Vaters“, sagte Teddy. „Toby Curran. Sein Vater hat eine große Molkerei. Currans Eis ist das beste weit und breit.“ Er runzelte die

Stirn und fragte: „Darfst du auch kein Eis essen?"
„Doch, aber nur zu bestimmten Anlässen wie zum Beispiel an meinem Geburtstag. Mein Vater sagt..."
„Ich weiß, man bekommt schlechte Zähne davon", fiel ihm Teddy ins Wort.
„Aber nur, wenn man zuviel davon ißt", sagte Tom.
Toby steckte gerade einer Katze eine Tablette in den Rachen. Linda stellte die beiden einander vor.
„Was fehlt denn der Katze?" wollte Tom wissen.
„Sie hat Würmer", sagte Toby unbeschwert. „Ein schlimmer Fall. Aber jetzt geht es ihr schon viel besser."
„Würmer?" wiederholte Tom, und Linda fand, daß er etwas blaß geworden war. „Willst du damit sagen, daß sie in ihrem Bauch Würmer hat?" fragte er ungläubig und angeekelt zugleich.
„Natürlich nicht äußerlich", meinte Toby grinsend. „Das kommt bei Hunden und Katzen hin und wieder vor. Aber wenn sie die richtigen Medikamente bekommen, dann kann man da schon Abhilfe schaffen. Wenn man aber nichts dagegen tut, dann sterben die Tiere an Entkräftung, denn die Würmer fressen ihnen die Nahrung weg."
Tom wurde noch blasser.
„Jetzt will ich dir aber mein Pferd zeigen", sagte Linda zu Tom. „Zuerst zeige ich dir seine Trophäen."
Toms Miene hellte sich ein wenig auf. „Trophäen? Ist es denn ein Springpferd?"
„Ja, früher einmal", erklärte ihm Teddy. „Als er jung war, nahm er an allen großen Springturnieren teil. Aber jetzt ist Ghost schon ziemlich alt – älter als Linda. Er hat eine Menge Preise gewonnen."

„Ist er... gesund?“ fragte Tom zögernd.

„Natürlich“, sagte Linda. „Er ist gesund wie ein..., ein Pferd! Er ist nur nicht mehr der Jüngste. Er sieht nicht mehr gut, und deshalb kann er nicht mehr springen. Das war auch der Grund, warum sein früherer Besitzer ihn einschläfern lassen wollte.“

„Sie wollten ihn töten?“ fragte Tom entsetzt.

„Klar“, meinte Teddy. „Herr Merrill und seine zickige Tochter wollten ihn loswerden, weil er ihnen kein Geld mehr brachte. Aber Linda hat ihn gekauft, und so hat sie ihm das Leben gerettet.“

Linda zeigte voller Stolz Tom die Futterkammer, die sie gemeinsam mit Toby in eine Trophäenkammer verwandelt hatte. Es war keine wirkliche Trophäenkammer, denn Herr Merrill hatte ihr natürlich keine Silberpokale geschenkt, sondern sie enthielt eine Reihe von Schleifen, die Ghost gewonnen hatte, und blaue und rote Rosetten, die in dem schummrigen Licht leuchteten. An den Wänden hingen gerahmte Zeitungsartikel, die von Ghosts Siegen berichteten, und einige Fotografien, die das graue Pferd und seinen Reiter zeigten. In einer Ecke hingen Ghosts Sattel und Zaumzeug.

„Wau! Er ist wirklich ein berühmtes Springpferd gewesen“, staunte Tom.

„Und jetzt gehen wir zu ihm“, sagte Linda. „Wenn du willst, kannst du später auf der Koppel ein wenig reiten.“

„Ich auch!“ meldete sich Teddy. „Ich kann sogar ohne Sattel reiten“, erzählte er Tom. „Du auch?“

„Das habe ich noch nicht ausprobiert“, sagte Tom. „Ich glaube, ich kann ihn auch so nicht reiten.“

„Natürlich kannst du“, sagte Linda, während sie zu Ghosts Box gingen, die in dem großen Stall der Tierklinik war. „Ghost ist sanft wie ein Lamm, du brauchst keine Angst vor ihm zu haben“, beruhigte Linda den Jungen.

„Darum geht es ja gar nicht“, sagte Tom. „Aber ich darf nicht ohne Reitkappe reiten. Das hat mir mein Reitlehrer gesagt. Wenn man ohne Kappe stürzt, kann man sich eine Kopfverletzung zuziehen.“

Teddy verdrehte wieder einmal die Augen, sagte aber nichts.

„Du kannst meine aufsetzen“, sagte Linda zu dem Jungen. „Sie wird zwar etwas groß für dich sein, aber besser als keine.“

„Danke, Linda, doch wenn sie nicht richtig sitzt, kann sie auch kein guter Schutz sein. Ich muß ja nicht reiten, es genügt, wenn ich Ghost streichle.“

„Meine Güte, ist das nun ein Junge oder eine Marionette?“ flüsterte Teddy Linda zu.

„Man kann ihn nicht ändern“, sagte Linda mit einem lauten Seufzer. Sie waren bei Ghost angelangt. „Nun kannst du ihn streicheln, Tom“, meinte Linda. „Du brauchst keine Angst zu haben, er beißt nicht.“

Ghost begrüßte Linda mit freudigem Wiehern. Sie legte ihre Arme um seinen Hals und hielt das Halfter, während Tom ihn streichelte.

„Was für ein schönes Pferd!“ sagte der Junge. „Schade, daß ich ihn nicht reiten kann ...“

Nachdem auch Toby und Teddy das Pferd begrüßt hatten, sagte Linda, sie würde es nun auf die Koppel führen, dann müßte sie sich aber an die Arbeit machen.

„Toby, warum zeigst du Tom nicht Fetchers Kuh? Es geht ihr schon recht gut, und bald kann sie nach Hause."

„Um ehrlich zu sein, Linda, ich mache mir nichts aus Kühen", sagte Tom höflich. „Onkel Ted hat gemeint, ich sollte ihm helfen."

Linda dachte krampfhaft nach, wie sie Teddy und Tom beschäftigen könnte.

Da kam ihr Toby zu Hilfe. „Ach, der Doktor hat mich gebeten, den Zaun weiß zu streichen. Wenn mir die beiden Jungs nicht helfen, werde ich nie damit fertig. Kommt, ich zeig' euch, wo ihr Pinsel und Farbe findet."

Linda atmete erleichtert auf und führte Ghost aus dem Stall. Sie hörte gerade noch, wie Tom zu Toby sagte: „Wo kann ich mir denn die Hände waschen?"

Diesmal war es Linda, die die Augen verdrehte. Sie tätschelte Ghosts Hals und ging mit ihm aus dem Stall. Sie liebte den Geruch der Pferde. Erin zog sie deswegen gerne auf und meinte, während andere Mädchen sich in Rosen- oder Veilchenduft hüllten, roch sie am liebsten nach Pferd. Und da hatte ihre jüngere Schwester durchaus recht.

Sie war froh, daß Toby die beiden Jungen beschäftigte, während sie ihrem Vater in der Praxis half. Da hatte Toby wieder einmal eine ausgezeichnete Idee gehabt.

„Du kannst Popcorn seinem Besitzer übergeben", sagte der Tierarzt zwei Stunden später. Popcorn war ein riesiges Kaninchen, das eine böse Infektion an den Ohren erwischt hatte. Linda hob Popcorn von dem Untersu-

5 9876-8

„Was für ein schönes Pferd!" sagte Tom.
„Schade, daß ich ihn nicht reiten kann..."

chungstisch herunter und schätzte das gute Tier auf mindestens sechs Kilo. Ja, es war sicher doppelt so schwer wie ihre Kaninchen zu Hause. Aber Flopsy, Mopsy, Cottontail und Peter waren eine andere Rasse.

„Da hast du ihn wieder", sagte sie und überreichte das Kaninchen Ben einem halbwüchsigen Jungen. Außerdem drückte sie ihm ein Fläschchen Ohrentropfen in die Hand. „Dreimal am Tag jeweils drei Tropfen in jedes Ohr", erklärte sie Ben. „Sollte es nicht besser werden, ruf uns bitte an. Aber ich bin ziemlich sicher, daß Popcorn bald gesund sein wird."

„Oh, Linda, beinahe hätte ich vergessen, dir auszurichten, daß Mr. Pollard angerufen hat", sagte Pat, nachdem sie Bens Rechnung ausgestellt hatte. „Er läßt dir sagen, er kommt um halb zwölf vorbei."

Linda warf einen Blick auf ihre Armbanduhr. Es fehlten nur noch wenige Minuten bis dahin. Was wollte Herr Pollard von ihr? fragte sie sich. Ob es wegen Pippin dem Kleinen war? Sicherlich. Vielleicht stand es schlecht um das Schweinchen? Aber wenn dem so wäre, hätte Herr Pollard längst ihren Vater angerufen.

„Sonst hat er nichts gesagt?" wollte Linda wissen.

„Nein, das war alles", erwiderte Pat. „Kann ich deinem Vater den nächsten Patienten schicken?"

„Ja, in drei Minuten ist er soweit", sagte Linda, die ans Fenster ging, um nach dem Lieferwagen der Schweinefarm Ausschau zu halten. Dabei konnte sie Teddy und Tom beobachten, wie sie mit Toby den Zaun anstrichen.

Der Tierarzt steckte den Kopf zur Tür herein und sagte: „Der nächste, bitte!"

„Das ist mein Duke!" rief Herr Ward und ging zur Tür

des Behandlungszimmers. Der winzige Yorkshire-Terrier stand artig bei Fuß und zitterte am ganzen Körper. Er war um vieles kleiner als Bens Kaninchen.

„Ich komme mit Ihnen“, sagte Linda, nachdem sie einen letzten Blick aus dem Fenster geworfen hatte. Und wieder fragte sie sich, was mit Pippin los war. Das arme Schweinchen! Wenn sie es mit nach Hause hätte nehmen dürfen, wäre es jetzt sicher schon gesund und bei Kräften.

Nachdem der Tierarzt Duke eine Spritze gegeben hatte, kam Linda zurück ins Wartezimmer und sah zu ihrem Erstaunen Herrn Pollard auf der Bank sitzen, einen Karton auf den Knien.

„Was fehlt denn Pippin?“ fragte Linda sogleich, ohne Herrn Pollard zu begrüßen. „In dem Karton ist doch Pippin?“

„Sicher“, erwiderte Herr Pollard.

Linda beugte sich darüber. Zwei kleine Augen, die von hellen Wimpern umrandet waren, blickten ihr entgegen. Und um Pippins Hals war eine große hellblaue Seidenschleife gebunden. Das Ferkel war noch genauso klein, aber es schien recht munter zu sein. Und es hustete auch nicht mehr.

„Na, mein Kleiner, wie geht's?“ sagte Linda und streichelte den runden Rücken des Schweinchens.

„Es geht ihm recht gut“, antwortete Herr Pollard. „Aber leider nicht mehr lange, denn seine Geschwister geben ihm keine Chance. Deshalb habe ich ihn hierhergebracht, Linda. Du kannst ihn haben.“

„Ich?“ Linda starrte Herrn Pollard entgeistert an.

„Ja, du“, meinte der Viehzüchter. „Ich habe mit meiner

Frau beschlossen, daß Pippin dir gehören soll, denn du hattest ihn von Anfang an ins Herz geschlossen. Betrachte ihn als ein Geschenk von uns."

„Ist das nicht herrlich, Linda?" freute sich Pat. „Es kommt schließlich nicht alle Tage vor, daß man ein Schwein geschenkt bekommt! Aber ich glaube, du solltest dich jetzt bei Herrn Pollard bedanken."

„Ja, vielen Dank, Herr Pollard", sagte Linda und nahm Pippin aus dem Karton, um ihn an ihre Brust zu drücken.

Das Ferkel grunzte vor Behagen und berührte mit seiner Schnauze Lindas Kinn.

„Ein nettes Schweinchen", bemerkte Frau Stambaugh, die mit ihrer Katze Ruffles wartend dasaß. „Allerdings ein bißchen klein."

„Ja, das kleinste des ganzen Wurfs", erklärte ihr Herr Pollard. „Ich habe keine Zeit für Extrawürste, deshalb gebe ich es Linda."

Bei dem Wort „Extrawürste" zuckte Linda zusammen, denn eines Tages würden Herrn Pollards Schweine wirklich zu Würsten verarbeitet werden.

„Wenn du dich um den Kleinen gut kümmerst, wird er sicher rasch größer werden", meinte Frau Stambaugh. „Und was für herrliches Fleisch er dann geben wird", schwärmte sie.

„Nein, Pippin wird nicht geschlachtet!" rief Linda entsetzt.

In diesem Augenblick betrat der Tierarzt das Wartezimmer. „Ruffles kann kommen, Linda", sagte er. Dann sah er das Schweinchen in ihren Armen. „Was soll das?" fragte er. „Ist Pippin schon wieder krank?" wandte er sich an Herrn Pollard.

„I wo“, sagte der Schweinezüchter mit einem breiten Grinsen. „Er ist putzmunter. Ich habe ihn Linda geschenkt. Die Idee mit der Schleife stammt von meiner Frau, damit er mehr nach einem Geschenk aussieht.“

„Das ist sehr freundlich von Ihnen, Luke, aber ...“ Der Tierarzt kam nicht dazu, den Satz zu Ende zu sprechen, denn Herr Pollard wehrte mit einer Handbewegung ab und meinte: „Nicht der Rede wert, Doktor. Das ist das mindeste, was ich für Sie tun kann. Schließlich haben Sie Sadies Jungen das Leben gerettet.“ Er stand auf und sagte: „Ja, es ist Zeit, daß ich aufbreche. Es wartet noch eine Menge Arbeit auf mich. Ich bin wirklich froh, daß Pippin ein so schönes Zuhause gefunden hat.“

Kaum war die Tür hinter Herrn Pollard ins Schloß gefallen, sagte Linda: „Paps, ich kann nichts dafür. Ich kenne unsere Abmachung bezüglich der Anschaffung von Haustieren, aber Herr Pollard hat mich ganz einfach vor die vollendete Tatsache gestellt, und ich wußte nicht, was ich sagen sollte.“

„Ich weiß“, sagte ihr Vater und begann plötzlich zu lachen. „Es sieht ganz so aus, als hätten wir ein weiteres Haustier zu betreuen.“

„Dann darf ich Pippin also behalten?“ fragte Linda hoffnungsvoll.

„Ich glaube, wir haben keine andere Wahl“, erwiderte ihr Vater und lachte noch immer.

„Hurra!“ jubelte Linda und drückte vor Freude das Schweinchen ein bißchen zu fest an ihre Brust, so daß es ein klägliches Grunzen von sich gab.

„Entschuldigen Sie, Frau Stambaugh, daß ich Sie so

lange warten ließ“, sagte der Tierarzt. „Wollen Sie mir bitte folgen?“

Frau Stambaugh hob den Katzenkorb vom Boden auf und trippelte dem Tierarzt hinterdrein.

Gleich darauf stürzten Teddy, Tom und Toby in das Wartezimmer.

„Wir haben den ganzen Zaun gestrichen“, verkündete Toby stolz. „Die beiden Jungs waren mir eine große Hilfe. Teddy war flinker, aber Tom gründlicher.“

Teddys Blue jeans waren jetzt mehr weiß als blau, und Toms Hornbrille war mit Farbe bespritzt, aber das schien ihn nicht zu stören. „Das war das erste Mal, daß ich etwas angestrichen habe“, sagte Tom stolz. „Meine Eltern lassen dazu immer Handwerker kommen. Es hat mir wirklich Spaß gemacht.“ Erst jetzt entdeckte er das Ferkel in Lindas Armen. „Was tut denn das hier?“ fragte er verwundert. „Ist es krank?“

„He, Linda, das ist doch Pippin!“ rief Teddy aufgeregt. „Wieso ist er hier?“

„Er gehört jetzt mir“, sagte Linda und strahlte dabei über das ganze Gesicht. „Herr Pollard hat ihn mir geschenkt. Und Paps hat nichts dagegen, daß er nun bei uns bleibt.“

„Das ist ja ’ne Wucht!“ meinte Teddy. „Und wenn Pippin groß ist und wir ihn schlachten können, dann gibt’s jede Menge Koteletts und Schinken!“

Linda sah ihn strafend an.

„Entschuldige, Schwesterherz, ich habe ganz vergessen, daß du kein Fleisch ißt.“

„Und schon gar keine Haustiere“, fuhr Linda fort. „Und Pippin ist ein Haustier. Das wäre genauso, als wollten wir Cleveland oder die beiden Hunde essen!"

Tom sah sich das Ferkel näher an. „Schweine sind sehr kluge Tiere", sagte er. „Ich hab' einmal in einem Buch über sie gelesen. Eine meiner Lieblingsgeschichten ist die von Freddy, dem Schweinedetektiv. Als ich klein war, hat mir mein Vater alle Bücher über Freddy, das Schwein, geschenkt."

„Ja, Schweine sind wirklich sehr intelligent", stimmte ihm Linda zu. „Sie sind auch sehr gelehrig."

„Komisch", meinte Teddy, „solange sie klein sind, sind sie richtig niedlich, aber wenn sie groß und fett sind, dann gefallen sie mir nicht mehr. Ich habe aber noch nie von einem Schwein gehört, das so klug ist wie ein Hund. Hunde geben einem die Pfote, und man kann mit ihnen spielen. Habt ihr das schon einmal bei einem Schwein gesehen?"

„Freddy, der Schweinedetektiv, löst alle Fälle auf der Bean-Farm", erklärte ihm Tom.

„Aber das ist doch nur eine Geschichte und nicht die Wirklichkeit", belehrte ihn Teddy eines Besseren.

„Sicher sind sie erfunden, aber Schweine sind trotzdem kluge Tiere", sagte Linda zu Teddy.

„Von mir aus", brummte der Junge. „Wahrscheinlich zählt Pippin zu den klügsten!" Er sah zufällig auf die Uhr an der Wand und sagte erschrocken: „He, Linda, Sparky, Billy und Eric kommen um halb eins zum Mittagessen zu uns. Sie möchten Tom kennenlernen. Nach dem Essen wollen wir Baseball spielen. Wo steckt denn Paps? Er muß Tom und mich nach Hause fahren."

Linda setzte Pippin behutsam in den Karton. „Paps untersucht gerade Ruffles, Frau Stambaughs Katze.

Aber er muß jeden Augenblick fertig sein und kann euch dann heimfahren."

„Was fehlt denn der Katze?" wollte Tom wissen.

„Sie hat Haarbällchen im Magen, das kommt bei Langhaarkatzen öfter vor, wenn sie sich zu oft putzen. In diesem Fall gibt man ihnen eine Medizin, die die Haare im Magen auflöst, anderenfalls erkranken sie ernstlich", erklärte ihm Linda.

„Wie eklig!" meinte Tom und rümpfte die Nase. „Sag, macht dir das nichts aus, ewig die kranken Tiere um dich zu haben?" Bevor Linda antworten konnte, sagte Toby: „Nein, und mir auch nicht. Ich finde es schön, kranken Tieren helfen zu können. Das ist ein wunderbares Gefühl."

„Ich will einmal Tierärztin werden", erzählte Linda Tom. „Die sind genauso wichtig wie die anderen Ärzte. Stell dir vor, wie schlecht es uns ginge, wenn die Ärzte keine Lust mehr hätten, uns zu behandeln."

Tom überlegte einen Augenblick lang und meinte schließlich: „Ja, da hast du recht. Ich muß hin und wieder zum Augenarzt oder zum Zahnarzt. Es wäre schlimm, wenn die mich nicht mehr sehen wollten ..."

„Keine Angst, solange dein Vater die Rechnungen bezahlt, empfangen sie dich gerne", beruhigte Toby den Jungen.

Teddy hüpfte unruhig im Wartezimmer auf und ab. „Paps soll sich beeilen", sagte er.

„Ich warte gerne", meinte Tom und setzte sich auf eine Bank. Er nahm eine Zeitschrift über Tiermedizin zur Hand und begann darin zu blättern.

Toby räumte den Farbtopf weg und reinigte die Pinsel.

Wenige Minuten später kam Frau Stambaugh aus dem Sprechzimmer, und gleich darauf folgte ihr der Tierarzt.

„Fertig, Jungs?“ fragte er.

„Klar“, sagte Teddy, „wir warten schon auf dich.“

„Tom, Paps bringt euch nach Hause. Komm schon!“ sagte Linda.

Der Junge blickte enttäuscht von seiner Lektüre hoch und meinte: „Schade, ich habe gerade einen sehr interessanten Bericht über Schweine zu lesen begonnen. Es geht um Schweine, die für Wettrennen trainiert wurden. Das ist doch unglaublich!“

„Du kannst dir ja die Zeitschrift mit nach Hause nehmen“, schlug der Tierarzt ihm vor.

„Ja, gern“, erwiderte Tom und klemmte sich das Heft unter den Arm. „Bis dann, Linda“, sagte er und beugte sich noch rasch über den Karton mit dem Schweinchen. „Tschüs, Kleiner!“ flötete er. „Ich hab' noch nie ein so nettes Ferkel gesehen.“ Dann ging er auf Frau Dempwolf zu und sagte höflich: „War nett, Sie kennenzulernen.“

„Ganz meinerseits“, sagte die Sprechstundenhilfe und lächelte erfreut.

Als Tom mit dem Tierarzt gegangen war, wandte Pat sich an Linda: „So ein wohlerzogener Junge, euer Neffe. Er hat sich sogar von dem Schweinchen verabschiedet.“

„Ja, er ist ein richtiger Musterknabe“, sagte Linda. „Mir wäre aber lieber, er wäre etwas kindlicher. Vielleicht haben Teddys Freunde einen Einfluß auf ihn.“ Sie spähte aus dem Fenster und sah, wie Tom gerade in den

Wagen stieg. „Ich wette, bis ich abends nach Hause komme, werden die beiden Jungs dicke Freunde sein."

Ein lautes Grunzen ließ sie hochfahren. Pippin hatte sich in dem Karton zu langweilen begonnen und ihn umgestürzt, damit er herauskriechen konnte. Jetzt tapste er quer durch das Wartezimmer, wobei seine kleinen Hufe auf dem glatten Fußboden immer wieder ausrutschten.

„Sieh dir den kleinen Ausreißer an!" rief Pat. „Vielleicht wird er eines Tages auch an einem Schweine-Wettrennen teilnehmen."

„Da muß er aber noch fleißig trainieren", meinte Linda. „Am besten fange ich damit gleich an. Ich mache einen Spaziergang mit ihm." Sie ging zu dem Wandschrank und holte aus einer Schublade eine Hundeleine hervor, die Jocko gehört hatte, als er noch klein gewesen war. Dann nahm sie dem Schweinchen die Seidenschleife ab und legte ihm die Leine um den Hals. „Wir sind nicht lange aus", sagte sie zu Pat.

„Nein, so was ist mir noch nicht untergekommen", rief Pat lachend. „Ein Schwein an einer Leine! Das sieht ja komisch aus."

Pippin weigerte sich, auch nur einen Schritt zu machen. Er setzte sich auf die Hinterbacken und rührte sich nicht von der Stelle.

„Komm schon, Pippin!" redete Linda dem Schweinchen zu. „Wir gehen hinaus. Es ist ein herrlicher, warmer Tag. Die frische Luft wird dir sicher guttun."

Endlich gelang es ihr, das Ferkel zu ein paar Schritten zu bewegen. Sie öffnete die Tür. Pippin hob den Rüssel und grunzte laut. Und dann sauste er plötzlich mit einem Satz davon.

„He, warte auf mich!" rief Linda, die alle Mühe hatte, mit ihm Schritt zu halten.

Auch Schweinchen haben Heimweh

„Nun, Tom, hast du mit Teddys Freunden viel Spaß gehabt?" erkundigte sich Doktor Taylor, als alle abends um den Küchentisch saßen. Linda hatte das Essen aufgetragen, das Frau Racer für sie zubereitet hatte. Sie hatte Pippin sein Fläschchen gegeben, und jetzt schnarchte er friedlich in dem Karton, der neben Lindas Stuhl stand. Cleveland saß auf dem Küchenbüfett und schaute neugierig zu dem Schweinchen herunter und fragte sich gewiß, was dieses eigenartige Wesen hier zu suchen hatte.

„Ja, es ..., es war recht interessant", sagte Tom zaudernd und steckte eine Gabel Erbsen in den Mund.

„Interessant!" echote Teddy. „Natürlich war es interessant, als Tom uns mitten unterm Pizzaessen von den Rattenhaaren erzählte! Sparky wäre beinahe übel geworden."

„Was für Rattenhaare denn?" wollte Linda wissen.

„In gefrorenen Pizzen. Ich habe in einem Artikel gelesen, daß man mehrere Sorten von tiefgekühlten Pizzen untersucht hat und in einigen davon Rattenhaare entdeckte", erzählte Tom gelassen. „Aber ich nehme an, daß beim Erhitzen im Backofen die meisten Krankheitserreger zerstört werden."

„Und es war auch sehr interessant, als wir Baseball spielten und Tom jeden Ball danebenschoß."

„Ach, komm, Teddy", sagte Linda, „er ist schließlich ein Anfänger."

Tom legte die Gabel beiseite. „Ich bin nicht hungrig", sagte er. „Ich bin auch allergisch auf Schmorbraten. Darf ich auf mein Zimmer gehen?"

„Kein Mensch ist allergisch auf Schmorbraten", versuchte Doktor Taylor dem Jungen klarzumachen. „Willst du vielleicht etwas von Lindas Gemüsepfanne?"

Tom schüttelte den Kopf. „Nein, vielen Dank. Ich fühle mich wirklich nicht wohl und möchte mich gerne hinlegen."

Linda warf ihrem Vater einen fragenden Blick zu, den dieser mit einem Nicken erwiderte.

„Geh nur, Tom", sagte der Tierarzt. „Wir rufen dich, wenn wir den Nachtisch essen. Frau Racer hat eigens für dich einen Schokoladenkuchen gebacken."

„Von Schokolade bekomme ich einen Hautausschlag", brummte Tom und stand auf. Sein Gesicht war auffallend blaß. Alle saßen schweigend da, während er aus der Küche ging.

Der Tierarzt blickte Teddy finster an. „Dein Benehmen läßt sehr zu wünschen übrig", sagte er mit ernster Miene. „Anstatt daß du alles tust, damit sich dein Cousin bei uns wohl fühlt, vermiest du ihm seinen Aufenthalt."

„Er vermiest mir auch alles", brummte Teddy. „Meine Freunde sagten, sie würden nicht wiederkommen, solange Tom da ist. Er ist wirklich der größte Langweiler, der mir je untergekommen ist. Ich kann ihn nicht ausstehen und er mich auch nicht. Paps, bitte schicke ihn doch nach Hause. Das wäre ihm sicher auch recht."

„Du warst gar nicht nett zu ihm", sagte Linda vorwurfsvoll. „Nur weil er sich nicht für die gleichen Dinge interessiert wie du, ist das noch lange kein Grund, ihn schlecht zu behandeln."

„Ich habe ihn nicht schlecht behandelt", verteidigte sich Teddy. „Ich mag ihn nur nicht, das ist alles. Ich wünschte, er wäre nicht mein Cousin und er würde schon morgen abreisen." Teddy stützte die Arme auf den Küchentisch auf und legte das Kinn auf die Hände.

„Ich glaube, wir beide sollten uns mal unter vier Augen über Tom unterhalten", schlug sein Vater vor.

„Heißt das, daß ich mich zurückziehen kann?" fragte Linda. „In dem Fall würde ich nämlich gerne Tom ein Glas Milch und ein paar Plätzchen aufs Zimmer bringen. Er hat doch kaum zu Abend gegessen."

Teddy brummte etwas vor sich hin.

„Was meinst du?" fragte ihn Linda.

„Ich sagte, du tust ganz so, als hättest du Tom lieber als mich", erwiderte Teddy und sah seine Schwester vorwurfsvoll an.

„Wie kannst du nur so einen Unsinn reden!"

„Aber es stimmt doch", brummte Teddy und wischte sich die Tränen aus den Augen. „Ihr behandelt ihn alle, als wäre er was Besonderes. Seit er da ist, kann ich euch nichts mehr recht machen. Du und Paps, ihr sagt mir in einem fort, ich soll nett zu ihm sein, und Pat ist auch ganz hingerissen von ihm. Und Toby hat gesagt, daß er gründlicher ist als ich."

„Aber, Teddy!“ seufzte sein Vater und legte einen Arm um seine Schultern. „Du bildest dir das alles nur ein. Du weißt ganz genau, daß wir Tom nicht lieber haben als dich. Wir möchten nur, daß er sich bei uns wohl fühlt und gerne bei uns ist.“

„Und wen kümmert es, ob ich mich wohl fühle?“

„Uns alle natürlich. Wir möchten aber auch, daß ihr beide euch gut versteht, und das ist leider nicht der Fall. Hast du eine Idee, wie wir das ändern können?“ fragte ihn sein Vater.

„Hm“, brummte Teddy, „ich weiß nicht so recht...“

Linda ließ Teddy mit seinem Vater allein, damit sich die beiden ungestört unterhalten konnten. Sie klemmte sich Pippin unter den Arm. In der anderen Hand balancierte sie ein Tablett mit einem Glas Milch und ein paar Plätzchen, das sie Tom bringen wollte. „Komm, Pippin, wir gehen nach oben“, sagte sie und ging aus der Küche.

Vor Toms Tür angekommen, stieß sie vorsichtig mit der Schuhspitze dagegen und fragte: „Darf ich reinkommen?“

Keine Antwort.

Linda öffnete die Tür einen Spaltbreit und spähte in das Zimmer. Tom lag eingerollt unter der Bettdecke und rührte sich nicht. Aber dann glaubte sie, ein leises Schluchzen zu hören. Sie trat ein, setzte Pippin auf den Boden und stellte das Tablett auf dem Nachtkästchen ab. Dann setzte sie sich auf die Bettkante und streichelte über Toms Rücken.

„Ich bin’s, Linda“, sagte sie leise. „Ich habe dir eine Kleinigkeit zu essen gebracht.“

Tom steckte den Kopf unter der Bettdecke hervor.

Seine Haare waren zerzaust und seine Augen vom Weinen gerötet.

„Danke, Linda“, sagte er mit heiserer Stimme. „Das ist nur meine Allergie.“ Er fuhr sich mit dem Ärmel seines Schlafanzugs über die Augen. „Ich glaube, ich bin allergisch auf Dandelion.“

Der Kanarienvogel hüpfte von einer Sprosse zur anderen und trillerte vergnügt in seinem Käfig.

„Ich bin auch auf Sunshine und Jocko allergisch“, fuhr Tom fort.

„Das glaube ich nicht“, meinte Linda und nahm aus Erins Kommode ein paar Papiertaschentücher. „Da, blas mal ordentlich hinein“, sagte sie zu dem Jungen.

Tom schneuzte sich laut.

„Bist du auch auf Milch und Plätzchen allergisch?“ fragte Linda ihn.

„Nein“, erwiderte Tom. Er trank einen Schluck und steckte ein Plätzchen in den Mund.

Pippin, der jede Ecke des Zimmers untersucht hatte, tapste nun auf Linda zu und legte sich zu ihren Füßen nieder. Dabei grunzte er laut.

„Was hat er denn?“ fragte Tom.

Linda nahm das Schweinchen auf den Schoß und streichelte seinen rosigen Kopf. „Ich glaube, er hat Heimweh“, erklärte sie Tom. „Selbst wenn seine Geschwister nicht nett zu ihm waren, so vermißt er sie trotzdem. Und natürlich auch seine Mutter. Er ist schließlich das erste Mal von seiner Familie getrennt. Da ist es nur allzu natürlich, daß er traurig ist.“

„Ja, du hast sicher recht“, sagte Tom mit leiser Stimme. „Er wäre sicher noch viel trauriger, wenn er ein gutes

Zuhause gehabt hätte und zu Leuten gekommen wäre, die ihm völlig fremd sind. Das wäre sicher schrecklich für ihn."

Zwei dicke Tränen kullerten über Toms Wangen.

Linda reichte ihm ein zweites Taschentuch. „Es wäre nicht verwunderlich, wenn er eine Reihe von Allergien entwickelte", sagte sie fachmännisch.

Da wandte sich Tom von ihr ab und rollte sich ein wie ein Igel. „Ich bin gar nicht allergisch", gestand er leise, und Linda merkte, wie sehr er mit den Tränen kämpfte.

„Vielleicht hast du auch ein wenig Heimweh, genau wie Pippin", sagte sie.

Tom nickte und schluckte ein paarmal. „Alles ist so anders hier. Ich bin es auch nicht gewohnt, so viele Tiere um mich zu haben. Und so viele fremde Menschen."

Linda lächelte und meinte: „Aber wir sind doch nicht fremd für dich. Du mußt uns nur kennenlernen."

„Ich habe solche Sehnsucht nach meiner Mutter und meinem Vater", brach es aus ihm hervor. „Du und Onkel Ted, ihr gebt euch so große Mühe mit mir, aber Teddy..."

„Nein, wir geben uns keine Mühe mit dir, Tom. Wir haben dich einfach gern. Spürst du das nicht?"

„Aber Teddy mag mich nicht und seine Freunde auch nicht", sagte Tom. „Sie halten mich für langweilig und feig. Ich habe gehört, wie Sparky das zu Teddy gesagt hat. Sie nannten mich einen langweiligen Tropf. Was kann ich denn dafür, daß ich nicht Baseball spielen kann? Ich bin noch nie ein guter Sportler gewesen. Ich

6 9876-8

lese halt lieber und mache Computerspiele.“ Er vergrub sein Gesicht in das Kopfkissen und begann bitterlich zu weinen.

„Teddy mag mich nicht und seine Freunde auch nicht“, jammerte Tom

Linda fühlte sich ziemlich hilflos und tätschelte seine zuckende Schulter.

„Pst, Linda!“ hörte sie plötzlich Teddys Stimme. Sie drehte sich um, und da stand ihr Bruder in der Tür und flüsterte ihr zu: „Paps hat gemeint, ich soll mich bei Tom entschuldigen.“ Er näherte sich Toms Bett. „Und da bin ich nun.“

Tom blickte zu Teddy hoch. „Jetzt kannst du dich auch noch über mich lustig machen, weil ich geweint habe“, sagte er. „Aber das ist mir egal. Ich bin nicht so wie du. Ich bin überhaupt ganz anders als du.“

Teddy trat verlegen von einem Bein aufs andere. „Sieh mal, Tom“, sagte er schließlich, „es ist wirklich nicht deine Schuld, daß du ein solcher Langweiler bist. Ich hätte von Anfang an wissen müssen, daß du nichts mit Baseball im Sinn hast, und hätte dich fragen sollen, wofür du dich interessierst. Morgen machen wir nur, was *du* willst. Einverstanden?“

Tom schluckte ein paarmal. „Das ist sehr nett von dir. Möchtest du, daß ich dir Schachspielen beibringe? Das würde dir sicherlich Spaß machen.“

„Ja, wenn du willst“, sagte Teddy wenig begeistert.

Tom bemerkte es, und seine Miene verdüsterte sich wieder. Aber sosehr er auch nachdachte, es fiel ihm kein anderer Vorschlag ein. Und Teddy erging es nicht anders.

Das kann ja heiter werden! dachte Linda und kraulte Pippins Hals. Wenn ihr jetzt nicht etwas Vernünftiges einfiel, was die beiden Jungen zusammen spielen konnten, würde es gleich wieder Tränen geben. Und diesmal würde sie gleich zwei heulende Jungen zu trösten haben.

Was könnte Tom außer Schachspielen noch Spaß machen? fragte sie sich. Das Zaunstreichen hatte ihm recht gut gefallen. Und für Ghost konnte er sich auch begeistern, nur, daß er Angst hatte, auf ihm zu reiten, wenn er nicht die richtige Reitkappe hatte."

Da fiel ihr Blick auf die Zeitschrift über Tiere und ihre Krankheiten, die Tom aus der Tierklinik mit nach Hause genommen hatte. Auf der Titelseite waren die Schweine beim Wettlauf abgebildet, über die Tom einen interessanten Artikel gelesen hatte. „Ich mache mir ernstlich Sorgen wegen Pippin", begann sie.

„Wieso denn?" wollte Teddy wissen.

„Ich habe gerade vorher Tom erzählt, daß Pippin Heimweh nach seiner Mutter und seinen Geschwistern hat. Und das wird noch schlimmer werden, wenn er ganz allein ist..."

„Du meinst, wenn du im Tier-Treff bist?" hakte Tom nach. „Warum nimmst du Pippin nicht mit?"

„Ja, das wäre eine Möglichkeit", stimmte Linda ihm zu. „Aber ich bin zu sehr beschäftigt, als daß ich mich um ihn kümmern könnte. Außerdem gehe ich morgen nach der Arbeit zu meiner Freundin Jill", erklärte sie dem Jungen. „Ich darf gar nicht daran denken, daß das arme Tier den ganzen Tag sich selbst überlassen ist. Vielleicht sollte ich Herrn Pollard anrufen und ihn bitten, Pippin wieder zu sich zu nehmen..."

„Aber du hast doch gesagt, daß seine Geschwister nicht nett zu ihm waren", erinnerte Tom sie.

„Und was ist, wenn seine Mutter sich auf ihn legt und ihn erdrückt?" fragte Teddy bestürzt. „Nein, du darfst ihn nicht zurückgeben, Linda!"

„Seine Mutter erdrückt ihn?“ rief Tom entsetzt.

„Ja, das kann leicht der Fall sein“, sagte Linda. „Aber was soll ich sonst tun?“ Sie blickte traurig zu dem Schweinchen hinunter. „Pippin, ich würde dich wirklich gern behalten, aber das ginge nur, wenn ich jemanden fände, der auf dich aufpaßt...“ Sie warf den beiden Jungen einen verstohlenen Blick zu. „Aber da ich niemanden weiß, wirst du wohl fort müssen. Ich darf gar nicht daran denken, daß du dann eines Tages auf der Schlachtbank landen wirst...“

Tom setzte sich kerzengerade im Bett auf. Er tastete nach seiner Brille, die auf dem Nachtkästchen lag, und setzte sie auf. „Du darfst das nicht zulassen, Linda“, sagte er erschrocken. „Pippin darf weder von seiner Mutter erdrückt werden noch geschlachtet werden!“

„He, ich habe eine tolle Idee!“ rief Teddy. „Tom und ich, wir haben morgen noch nichts vor. Oder?“

Tom nickte.

„Wir könnten uns doch um Pippin kümmern. Wir geben ihm das Fläschchen und spielen mit ihm, damit er sich nicht einsam fühlt.“

„Und ich könnte ihm ein paar Kunststücke beibringen“, fuhr Tom fort. „Ich habe doch in der Tierzeitschrift gelesen, daß Schweine sehr klug sind.“

„Das stimmt nicht, Schweine sind blöd“, widersprach Teddy ihm.

„Nein, sie sind klug!“ konterte Tom.

„Wenn Schweine so klug sind und du auch, dann bring ihm doch ein paar gute Nummern bei. Die möchte ich gerne sehen“, sagte Teddy.

„Das werde ich auch tun“, meinte Tom.

„Aber es wird dir nicht gelingen!"
„Doch!"
„Nein!"
Linda konnte sich das Schmunzeln nicht verkneifen. „Tom, du bist noch acht Tage hier. Glaubst du wirklich, daß du Pippin ein paar Kunststücke beibringen kannst, bevor du nach New York zurückfährst?"
„Klar, kann ich das", sagte Tom. Doch gleich darauf verdüsterte sich sein Gesicht. „Aber in dem Artikel steht, daß sie nach jedem Wettrennen belohnt wurden, mit irgendwelchen Leckerbissen. Doch Pippin trinkt ja nur Milch."
„Er ist alt genug, um damit aufzuhören", streute Linda rasch ein. „Ihr könnt mir ja bei der Abgewöhnung helfen."
Tom streckte dem Schweinchen sofort ein Plätzchen entgegen. Pippin schnupperte daran und schnappte schließlich danach. Das sah so komisch aus, daß alle drei zu lachen anfingen.
„Es schmeckt ihm!" rief Teddy.
„Natürlich schmeckt es ihm", sagte Linda. „Frau Racer bäckt die besten Plätzchen der Welt."
„Was, du verfütterst Frau Racers Plätzchen an ein Schwein?" ertönte plötzlich die Stimme des Tierarztes, der unbemerkt das Zimmer betreten hatte. Er beobachtete Pippin und meinte: „Tatsächlich, sie scheinen ihm zu schmecken!"
„Onkel Ted, Teddy und ich, wir werden morgen auf Pippin aufpassen", erzählte Tom eifrig. „Und ich will ihm ein paar Kunststücke beibringen."
„Wir beide", korrigierte ihn Teddy. „Tom will ihn ab-

richten, aber da er nichts von Tieren versteht, muß ich ihm dabei helfen."

„Das ist eine ausgezeichnete Idee", meinte der Tierarzt und zwinkerte Linda zu. „Hört mal zu, Jungs, ich mache euch einen Vorschlag", fuhr er dann fort. „Wenn es euch gelingt, Pippin drei Kunststücke beizubringen, lade ich euch in Curran's Eisdiele ein, und ihr dürft so viel Eis essen, wie ihr wollt."

„Nur kein Schokoladeneis", sagte Tom. „Auf Schokolade bin ich nämlich allergisch."

„Ich aber nicht", sagte Teddy.

„Ich auch nicht", meinte Linda.

Tom streckte Pippin ein zweites Plätzchen zu. Das Schweinchen bewegte sich unruhig in Lindas Armen und begann zu grunzen. Dann schnüffelte es an dem Plätzchen und verspeiste es genüßlich.

Tom kicherte. „Meine Eltern werden in Ohnmacht fallen, wenn ich ihnen erzähle, daß ihr ein Schwein als Haustier habt!"

In diesem Augenblick läutete das Telefon. „Ich gehe schon", sagte Linda und setzte Pippin rasch auf den Boden. Sie rannte die Treppe hinunter und nahm den Hörer ab.

„Erin?!" rief sie. „Wie geht es dir denn?"

„Fantastisch", sagte Erin. „New York ist eine tolle Stadt! Heute abend gehen wir in die Oper. Ein Ballettabend. Am Nachmittag hat mir Tante Peggy die wichtigsten Sehenswürdigkeiten gezeigt. Linda, ein Jammer, daß du nicht mitgekommen bist. Sag, ist Paps da? Ich möchte ihn gerne sprechen."

„Paps! Erin ist am Apparat. Sie möchte dich sprechen!"

rief Linda die Treppe hinauf.

Als ihr Vater ihr den Hörer abgenommen hatte, ging Linda wieder zu den beiden Jungen hinauf, die noch immer mit Pippin spielten.

„Ruft sie von meinen Eltern aus an?“ wollte Tom wissen. „Darf ich mit ihnen sprechen?“

Linda nickte, und Tom sprang aus dem Bett und rannte die Treppe hinunter. Der Tierarzt reichte ihm den Hörer.

„Mama, ich bin’s“, sagte Tom. „Stell dir vor, ich habe ein Schwein in meinem Zimmer. Ja, ein richtiges Schwein. Es heißt Pippin der Kleine, und Teddy und ich passen auf es auf, während Linda im Tier-Treff ist... Ja, Mama, es ist ein ganz sauberes Schwein... Natürlich putze ich mir jeden Abend die Zähne... Nein, ich vergesse nicht, die Allergiepillen zu nehmen... und die Vitamintabletten auch nicht. Ja, es ist alles in Ordnung. Du fehlst mir auch. Ja, es ist anders, aber...“ Er warf dem Tierarzt einen Blick zu, der in der Wohnzimmertür stand. „Es ist wirklich alles in Ordnung. Ich freue mich schon auf euch! Auf Wiedersehen.“

Doktor Taylor atmete erleichtert auf. Vielleicht wird sich doch noch alles zum Guten wenden, dachte er.

Linda spricht sich aus

Als Linda am nächsten Morgen aufstand, dachte sie mit Unbehagen daran, daß sie Pippin den ganzen Tag den beiden Jungen anvertrauen sollte, die im Grunde keine

Ahnung von Schweinen hatten. Und von Ferkeln schon gar nicht. Ob Teddy nicht zu stürmisch war? Er könnte Pippin womöglich weh tun?

Linda kniete neben Pippins Karton nieder, in den sie ein altes Frotteehandtuch gelegt hatte, damit das Ferkel weich gebettet war. Darunter hatte sie eine elektrische Wärmeflasche gegeben, die die Wärme der Mutter ersetzen sollte.

Pippin grunzte zufrieden, als Linda ihn streichelte und mit ihm sprach. Kaum erwischte er mit dem Rüssel ihre Finger, begann er auch schon daran zu saugen.

„Wie kann man nur so gierig sein", sagte sie. „Du mußt dich aber noch eine Weile gedulden, denn ich möchte mich vorher anziehen. Dann gehen wir hinunter und frühstücken. Ich werde dir ganz was Besonderes zubereiten. Es wird zwar nicht so fein schmecken wie Frau Racers Schokoladeplätzchen, aber du wirst es sicher nicht verschmähen."

Cleveland hatte wie immer auf Lindas Bett geschlafen. Er streckte sich und gähnte ein paarmal, bis er vom Bett heruntersprang und neugierig in Pippins Karton spähte. Dazu stützte er sich mit den Vorderpfoten auf dem Karton auf. Seine Nase berührte den rosigen Rüssel des Ferkels, und die beiden Tiere beschnupperten sich neugierig. Der Kater war genauso groß wie Pippin, sogar größer, wenn man den Schwanz dazurechnete.

Plötzlich sprang das Ferkel aus dem Karton, den es dabei umstieß. Cleveland suchte erschrocken das Weite. Pippin rannte ihm hinterdrein. Linda konnte gerade

Cleveland näherte sich vorsichtig dem Karton,
aus dem das Ferkel neugierig herausschaute

noch rechtzeitig eingreifen, bevor die beiden die Treppe erreichten. Sie nahm Pippin auf den Arm, aber dieser wehrte sich heftig und zappelte mit den Beinen.

„Beruhige dich wieder“, redete Linda auf das Ferkel ein, das sie nur mit Mühe festhalten konnte. „Du bist ja viel stärker, als ich angenommen habe!“

„Was war denn hier los?“ erkundigte sich ihr Vater, der im Schlafanzug aus seinem Zimmer gekommen war und gerade aufgewacht zu sein schien.

Teddy steckte ebenfalls den Kopf aus der Tür seines Zimmers und fragte: „War das Pippin, der diesen Krach machte?“ Jocko und Sunshine schlüpften durch den Türspalt. Die beiden schliefen jede Nacht neben Teddys Bett.

„Schweine können ganz schön laut sein“, bemerkte Tom, der nun auch den Flur betrat.

„Beruhigt euch, es ist alles in Ordnung“, sagte Linda. Pippin war nun wieder ganz ruhig und lag friedlich in ihren Armen.

Der Tierarzt streckte sich verschlafen und meinte: „Das hat uns gerade noch gefehlt, daß wir morgens durch lautes Grunzen geweckt werden!“ Dann stieg er die Treppe zum Badezimmer hinunter. „Ich bin in ein paar Minuten fertig“, sagte er.

Teddy machte ebenfalls noch einen verschlafenen Eindruck. Er torkelte auf Pippin zu und streichelte seinen Kopf. „Guten Morgen, Pippin“, begrüßte er das Ferkel. Er hatte noch seinen Bären im Arm.

„Was für ein netter Teddybär!“ rief Tom.

Teddy erstarrte und war plötzlich hellwach. Er versteckte Kuschel-Wuschel blitzschnell hinter dem Rükken.

„Welchen Bären meinst du denn?“ fragte er.

„Deinen natürlich“, erwiderte Tom.

„Nein!“ rief Teddy, dessen Gesicht tomatenrot angelaufen war. Gleich darauf verschwand er in seinem Zimmer.

Linda konnte sich gut vorstellen, wie ihrem Bruder jetzt zumute war. Niemand außer seiner Familie durfte wissen, daß er noch immer mit einem Teddybären schlief. Das war ein ganz großes Geheimnis. Linda und Erin hatten ihm ihr Ehrenwort geben müssen, daß sie es niemals seinen Freunden verraten würden, denn diese würden ihn mit Sicherheit auslachen.

„Teddy, warte doch!“ rief Tom ihm nach. Er rannte in Erins Zimmer und kam gleich darauf mit einem abgegriffenen Stoffhasen zurück, der in keinem besseren Zustand war als Kuschel-Wuschel. Er hatte sogar nur noch ein Auge.

Tom klopfte vorsichtig an Teddys Tür, die verschlossen war. „Mach mir bitte auf, Teddy“, bat Tom. „Ich möchte dir was zeigen.“

„Sperr auf!“ rief Linda ihrem Bruder zu.

Keine Antwort.

„Teddy Taylor, öffne gefälligst die Tür!“ rief sie nun etwas lauter.

Die Tür öffnete sich einen Spaltbreit.

„Was gibt's?“ fragte Teddy.

Tom stieß die Tür ganz auf und ging in Teddys Zimmer. „Ich wollte dir nur Bobby zeigen“, sagte der Junge und hielt Teddy einen Hasen entgegen. „Ich habe ihn schon eine Ewigkeit. Ohne ihn könnte ich nicht einschlafen“, sagte er. „Ich hatte ihn vor dir versteckt, denn ich dachte, du würdest mich sicher auslachen.“

„Als ich klein war, schlief ich auch mit Kuschel-Wuschel“, mischte sich nun Linda ein. „Später bekam ihn Erin, und schließlich ist er bei Teddy gelandet.“

Teddy schaute ratlos von Tom zu Linda. Dann holte er den Bären hinter dem Rücken hervor. „Ich werde dich nicht auslachen, wenn du mir versprichst, daß du mich auch nicht auslachst“, sagte er zu Tom.

„Ich schwöre es“, sagte Tom mit ernster Miene.

Dann schauten sie sich einen Moment lang schweigend an, bis Teddy sagte: „Ich würde mich niemals über jemanden aus meiner Familie lustig machen.“

„Ich auch nicht“, meinte Tom.

Linda drückte versehentlich Pippin etwas zu fest an sich, so daß das Ferkel ein lautes Grunzen von sich gab. „Sehr gut, Jungs!“ rief sie. „Das ist der Ton, in dem Cousins miteinander reden sollten. In einer halben Stunde wird gefrühstückt. Also beeilt euch, damit ihr nicht zu spät kommt.“

„Linda, ich möchte heute lieber kein Rührei mit Schinken“, sagte Tom, bevor er in sein Zimmer ging.

„Ich auch nicht!“ rief Teddy.

„Ist mir ganz recht“, erwiderte Linda. „Wie wär’s mit Käsetoast und frischem Orangensaft?“

„Klingt gut“, meinte Teddy und ließ Kuschel-Wuschel an einem Bein hin und her baumeln.

„Ja, gerne“, sagte Tom und drückte seinen Hasen an die Brust.

„Das Bad ist frei!“ verkündete in diesem Augenblick der Tierarzt.

„Ich komme schon!“ rief Linda und setzte Pippin in den Karton.

„Beeil dich, Linda!“ meinte Teddy. „Wir beide müssen auch noch rein.“

„Aber was wirst du mit Pippin machen, wenn er groß ist?“ erkundigte sich Jill, Lindas beste Freundin, als die beiden am Nachmittag beisammensaßen. Zuerst waren sie im Kino gewesen – das einzige, das es in Essex gab. Anschließend waren sie zu Jill gegangen und mampften nun Popcorn, das frisch aus der Pfanne kam.

„So weit habe ich noch gar nicht gedacht“, gab Linda zu. „Ich kann es noch immer nicht fassen, daß Herr Pollard mir das Ferkel geschenkt hat und Paps einverstanden war, daß ich es behalte.“

„Ich wette, Herr Pollard wird Pippin gerne wiederhaben wollen, wenn er groß und dick geworden ist“, sagte Jill.

„Klar, würde er das!“ stimmte Linda ihr zu. „Er würde ihn gleich zu seinen beliebten Fleischprodukten verarbeiten. Aber das werde ich niemals zulassen. Ich werde für Pippin einen Platz finden, wo er gut aufgehoben ist und wie ein Haustier behandelt wird.“

„Ja, das wäre schön“, meinte Jill und stopfte sich eine Handvoll Popcorn in den Mund.

„Schmeckt köstlich“, sagte Linda mit vollem Mund. „Ich denke an die Wildlife-Farm; das ist ein guter Platz für Pippin. Gigi und Leo sind auch dort untergekommen. Vielleicht finden sie es ganz amüsant, auch ein Schwein unter ihren Tieren zu haben.“

„Aber ein Äffchen und ein Löwenbaby waren sicher interessanter für sie als ein gewöhnliches Hausschwein“, gab Jill zu bedenken.

„Pippin ist kein gewöhnliches Schwein", verteidigte Linda ihren Schützling. „Er ist sehr klug und gelehrig."

„Nun übertreib mal nicht, Linda!" sagte Jill. „Wie kannst du jetzt schon feststellen, ob er klug ist?"

„Das habe ich einfach im Gefühl", erwiderte Linda. „Außerdem wollen Teddy und Tom ihm ein paar Kunststücke beibringen. Ich wette, er wird sie rasch lernen."

„Was für Kunststücke denn? Du meinst Pfötchen geben, sich hinsetzen oder apportieren? So wie's Hunde tun?"

„Ach, laß das, Jill", sagte Linda ärgerlich. „Schweine sind genauso klug wie Hunde, vielleicht sogar klüger. Und wenn Pippin ein paar Kunststücke kann, werden ihn die Leute von der Wildlife-Farm sicher gerne aufnehmen."

„Okay, jetzt haben wir aber genug über dein Schweinegenie geredet. Erzähl mir nun was über deinen Cousin aus New York. Verstehen sich die beiden Jungs miteinander?"

„Nun ja..." Linda zögerte und überlegte eine Weile, ehe sie fortfuhr. „Ja und nein, oder besser nein und ja."

„Was meinst du damit?" fragte Jill.

„Nun, ich bin mir noch nicht ganz im klaren darüber. Die zwei Tage waren nicht einfach. Tom ist völlig anders als Teddy. Er ist kein richtiges Kind, eher ein kleiner Erwachsener. Er hat perfekte Manieren, liest die ganze Zeit oder spielt Klavier. Außerdem ist er auf so viele Dinge allergisch. Er ist auch völlig unsportlich."

„Hm", machte Jill nachdenklich. „Das kann eigentlich nicht gutgehen."

„Aber man muß auch seine Situation berücksichtigen. Er ist ein Großstadtjunge und ein Einzelkind. Er wohnt in einem Hochhaus und kann nicht einfach hinaus in den Garten laufen, wie unsere Kinder es gewohnt sind. Er muß vorher auf den Lift warten, und allein kann er so gut wie gar nicht ausgehen. Er muß ständig begleitet werden. Aber das Verrückte daran ist, daß ihm diese Lebensweise gefällt, und er leidet schrecklich unter Heimweh. Gestern abend hat er bitterlich geweint. Seine Eltern fehlen ihm sehr."

„Unfaßbar", sagte Jill und schüttelte den Kopf. „Da habt ihr es sicher nicht leicht mit ihm."

„Ja und nein", antwortete Linda wieder. „Gestern sah es so aus, als wäre die beste Lösung, ihn mit dem nächsten Zug nach New York zurückzuschicken. Aber dann kam ich auf die Idee, Pippin den beiden tagsüber anzuvertrauen, während ich im Tier-Treff bin. Tom hatte das Ferkel gleich ins Herz geschlossen. Er weiß eine Menge über Schweine und will ihm ein paar Kunststükke beibringen, was ich dir ja bereits erzählt habe. Da war er gleich wie ausgewechselt, und die beiden Jungs scheinen sich auch schon besser zu verstehen. Aber das war heute früh. Wer weiß, was sich inzwischen ereignet hat." Sie warf einen Blick auf die Küchenuhr. „Ich hoffe, daß alles in Ordnung ist."

„Aber Frau Racer ist doch den ganzen Tag zu Hause, oder?" fragte Jill.

Linda nickte. „Ja, dann dürfte eigentlich nichts schiefgehen."

„Ich mach' dir einen Vorschlag: Gehen wir jetzt zu dir nach Hause", meinte Jill. „Vorausgesetzt, du kannst dich von dem köstlichen Popcorn hier trennen."

Linda steckte noch eine Handvoll davon in den Mund.

„Jetzt platze ich gleich!" sagte sie lachend. „Okay, gehen wir. Ich möchte mir nur vorher die Hände waschen, sie sind ganz fettig von der Butter."

Zehn Minuten später fuhren die beiden auf ihren Rädern die schmale Straße entlang, die zum Haus der Tierzarztfamilie führte. In den Gärten blühten die Fliedersträuche, die einen herrlichen Duft verströmten. Wie konnte es Tom hier nicht gefallen? wunderte sich Linda. Das ließe sich doch gar nicht vergleichen mit einer grauen Großstadt. In diesem Augenblick wurde ihr wieder einmal klar, daß sie nie von Essex fortziehen wollte, und glücklich atmete sie die frische Landluft ein.

Doch kaum bogen sie den Weg zu ihrem Haus ein, blieb ihr vor Schreck das Herz stehen. Auf dem Hof lag Tom auf dem Boden und Teddy beugte sich über ihn und packte ihn so fest an den Armen, daß er sich nicht wehren konnte. Toms Brille lag auf der Erde. „Na, warte, ich werd's dir zeigen!" rief Teddy.

„Teddy!" schrie Linda, so laut sie konnte. „Laß sofort Tom los. Hast du mich verstanden?" Sie sprang von ihrem Rad herunter und rannte auf die beiden zu. „Tom, ist alles in Ordnung?" fragte sie besorgt.

Sie hatte erwartet, in ein tränenüberströmtes Gesicht zu blicken, aber Tom grinste sie an. „Alles in Ordnung, Linda. Teddy wollte mir nur zeigen, wie Ringkämpfen geht." Er rappelte sich hoch und setzte sich seine Brille wieder auf. Seine Haare waren zerzaust und seine Jeans und sein Hemd voller Staub. Jocko und Sunshine kamen

7 9876-8

„Na warte, ich werd's dir zeigen!" rief Teddy

freudig auf ihn zu und leckten ihm das Gesicht.

„Laßt das, das kitzelt!" rief Tom lachend.

Dann begrüßten die Hunde Linda und sprangen übermütig an ihr hoch.

„He, wer bist denn du?“ fragte Tom, der Jill erst jetzt bemerkte.

„Das ist Jill Dearborne, meine beste Freundin“, sagte Linda.

„Jill, das ist mein Cousin Tom.“

„Hallo, Tom“, begrüßte Jill den Jungen.

„Jill ist meine dritte Schwester“, sagte Teddy zu Tom. „Ich habe mehr Schwestern, die mir in alles dreinreden, als ich weiß.“

„Und ich habe mehr Brüder, als ich weiß“, sagte Linda und kitzelte Tom unter den Armen.

„Nein, du hast nur einen Bruder“, kicherte Teddy.

„Ja, aber der reicht für zehn.“ Linda ließ Teddy wieder los und wandte sich Jill zu.

Tom klopfte sich die Jeans sauber und entdeckte einen Riß am Knie. „Uff, ich habe mir meine Hose zerrissen“, stellte er erschrocken fest. Aber im nächsten Augenblick lachte er schon wieder und meinte: „Frau Racer kann sie sicher flicken. Nicht wahr, Teddy?“

„Na, klar“, meinte dieser. „Komm jetzt, wir müssen die Kaninchen füttern. Die Hühner und Lindas blöde Ente auch.“

„Archie ist keine blöde Ente!“ protestierte Linda.

„Wo ist eigentlich Pippin? Ich dachte, ihr beide wolltet ihm ein paar Kunststücke beibringen?“

„Wir haben schon damit begonnen“, erzählte ihr Tom. „Wir wollen ihm beibringen, Pfötchen zu geben. Er kann es schon fast. Stimmt's, Teddy?“

„Ja, fast“, sagte dieser. „Wir haben ihm eingeschärft, die Vorderpfote zu geben, wenn wir ‚Pfote‘ sagen. Und gleichzeitig haben wir ihm eines von Frau Racers Schokoladeplätzchen entgegengestreckt."

„Das heißt nicht Pfote. Ein Schwein hat Füße", verbesserte Linda ihren Bruder.

„Aber Pippin weiß doch nicht, wie das heißen muß", meinte Teddy. „Wir bringen ihm das Wort ‚Pfote' bei, und er soll ruhig meinen, daß er Pfoten hat. Mit Jocko haben wir es genauso gemacht."

„Wir wollten doch die Tiere füttern", erinnerte Tom ihn. „Wir sehen uns sicher später", wandte er sich an Linda und Jill.

Dann liefen die beiden Jungen hinter das Haus, wo sich die Ställe befanden.

„Ich verstehe dich wirklich nicht, Linda", sagte Jill, nachdem die beiden verschwunden waren. „Tom ist doch ein ganz normaler Junge."

„Ja, nicht wahr?" sagte Linda.

„Komm, gehen wir ins Haus und schauen nach, wie es Frau Racer mit Pippin ergangen ist", schlug Linda vor.

„Ich bin gespannt, wie sie es aufnimmt, daß nun ein Ferkel im Haus rumrennt", sagte Jill lachend.

Pippin findet ein Zuhause

Als Linda und Jill den Flur des alten Landhauses betraten, stieg ihnen sogleich ein köstlicher Duft in die Nase.

„Tag, Frau Racer. Was backen Sie denn Schönes?" fragte Linda. „Übrigens, Jill ist auch da."

„Hallo, ihr beiden“, rief die Haushälterin aus der Küche. „Es gibt Nußplätzchen.“

Linda und Jill gingen zu ihr in die Küche. Frau Racer schob gerade ein Blech mit Plätzchen in das Backrohr. „Wenn ihr welche wollt, dort drüben auf der Anrichte ist ein Blech zum Auskühlen. Ihr müßt euch aber beeilen, denn wenn die Jungs sie entdecken, bleibt nichts mehr für euch übrig.“

„Die würden Pippin sicher auch schmecken“, meinte Linda, nachdem sie das erste verspeist hatte. „Er ist ganz wild auf Plätzchen.“

„Ja, das kann man wohl sagen. Ich habe noch nie ein Ferkel gesehen, das so rasch auf feste Nahrung übergegangen ist. Hundertmal habe ich Teddy und Tom schon gesagt, sie sollen ihm nicht so viel zu fressen geben, aber kaum drehe ich ihnen den Rücken zu, dann haben sie ihm schon wieder ein oder zwei Plätzchen zugesteckt.“

„Wo ist Pippin eigentlich?“ erkundigte sich Linda. „Ich möchte ihn Jill zeigen, sie hat ihn ja noch gar nicht gesehen.“

„Wahrscheinlich im Speisezimmer unter dem Tisch“, sagte Frau Racer. „Die Jungs haben ihn dort zurückgelassen, bevor sie aus dem Haus gingen.“ Sie schüttelte den Kopf. „Um ehrlich zu sein, ich finde es ganz schön verrückt, ein Schwein im Haus zu halten. Ich will Pippin nicht unterstellen, daß er nicht sauber wäre. Nein, das ist er. Aber trotzdem gehört ein Schwein in einen Schweinestall und nicht in das Speisezimmer einer angesehenen Tierarztfamilie.“

„Ich weiß, Frau Racer“, sagte Linda. „Aber ich hatte

Angst, er würde sich einsam fühlen, wenn ich den ganzen Tag außer Haus bin."

Sie ging mit Jill in das Speisezimmer. Linda kniete sich nieder vor dem Tisch und entdeckte tatsächlich Pippin darunter, der friedlich vor sich hin schnarchte. Sein Bäuchlein war seit dem Morgen um einiges dicker geworden, stellte sie fest. Sie gab ihm einen Stups in die Rippen oder dahin, wo sie diese vermutete, und sagte: „Aufwachen, Pippin! Du mußt hallo zu Jill sagen!"

Das Ferkel grunzte schlaftrunken und öffnete seine hellen Äuglein.

Jill begann schallend zu lachen. „Hast du das gesehen, Linda?" sagte sie. „Als er schlief, war sein Schwänzchen ganz gerade, aber kaum ist er aufgewacht, da hat es sich sofort gekringelt."

Als Pippin sich noch immer nicht rührte, faßte ihn Linda an den Vorderpfoten und zog ihn unter dem Tisch hervor. „Jetzt führ uns mal dein Kunststück vor, Pippin", sagte sie.

„Ja, und was ich noch sagen wollte", ertönte plötzlich Frau Racers Stimme hinter ihnen, „ich finde es auch nicht normal, daß man ein Schwein wie einen Hund dressiert. Aber mach das mal den beiden Jungs verständlich! Stundenlang haben sie sich mit dem armen Tier abgeplagt, um ihm beizubringen, daß es das Pfötchen geben soll. Und immer wenn es klappte, bekam es ein Plätzchen. Kein Wunder, wenn Pippin Bauchschmerzen bekommt."

„Darf ich es wenigstens einmal ausprobieren", sagte Linda zu der Haushälterin. „Ich verspreche Ihnen auch, daß er nur ein einziges Plätzchen bekommt."

„Eins mehr oder weniger ist schon egal", erwiderte Frau Racer. „Also, meinetwegen."

Jill lief in die Küche und kam mit einem Plätzchen zurück. Sie reichte es Linda. „Also, bei euch ist wirklich immer was los", sagte sie. „Und jedesmal gibt's eine andere Überraschung."

Linda setzte Pippin vor sich auf den Boden und hielt ihm das Plätzchen vor den Rüssel. „Gib die Pfote", sagte sie langsam und deutlich.

Pippin versuchte, nach dem Plätzchen zu schnappen, aber Linda hielt ihn davon ab. „Nein, zuerst mußt du die Pfote geben", sagte sie. „Komm schon, gib die Pfote!"

Das Ferkel begann zu grunzen und legte sich dann auf den Bauch und begann sich hin und her zu wälzen.

„Nein, nein!" rief Linda und hob Pippin hoch. Dann setzte sie ihn wieder vor sich hin und streckte ihm das Plätzchen entgegen. „Pfote!" befahl sie wieder.

Pippin schaute einmal das Plätzchen, dann wieder Linda an, und plötzlich hob er den linken Vorderfuß vom Boden hoch. Linda ergriff ihn und schüttelte ihn freudig. „Bravo!" rief sie. „Das hast du aber gut gemacht. Bist du ein kluges Schweinchen!" Sie gab ihm das Plätzchen, das Pippin im Handumdrehen verschluckt hatte.

„Was für ein kluges Tier!" rief Jill begeistert. „Er ist das klügste Schwein, das mir je untergekommen ist. Aber um ehrlich zu sein, ich habe noch nie ein Schwein aus der Nähe gesehen."

Dann gingen sie wieder in die Küche.

„Das ist nicht normal", brummte Frau Racer. „Schweine sind nicht dazu da, um abgerichtet zu werden."

Linda sah die Haushälterin an. „Ja, es ist nicht normal, aber deshalb können sie trotzdem ein Kunststück erlernen. Ich finde es super, daß Teddy und Tom das in so kurzer Zeit geschafft haben."

Frau Racer ging zurück in die Küche, um die Plätzchen aus dem Backofen zu nehmen. „Ich frage mich nur, wozu das gut ist", brummte sie vor sich hin, während sie die Plätzchen auf einen Rost zum Auskühlen legte. „Selbst wenn er eine Menge Kunststücke erlernt, was bringt ihm das? Er wird höchstens eines Tages in einem Wanderzirkus auftreten."

„Linda meint, die Wildlife-Farm würde ihn aufnehmen", sagte Jill und ging ins Speisezimmer, um Pippin zu holen.

„Schweine gehören auf einen Hof", begann Frau Racer von neuem. „Nur dort fühlen sie sich wohl. Ja, auf einen Hof, auf dem auch andere Schweine sind."

„Aber, wenn ich ihn zu einem Bauern gebe, dann endet er unweigerlich auf der Schlachtbank!" rief Linda entsetzt. „Das kann ich unmöglich zulassen."

Frau Racer stellte nun Kartoffeln auf und murmelte etwas Unverständliches.

„Was haben Sie gesagt?" fragte Linda.

„Ich sagte, nicht auf *meinem* Hof."

Pippin begann in Lindas Armen unruhig zu werden. Er wollte auf den Boden gelassen werden.

„*Ihr* Hof?" fragte Linda verwundert.

„Ja, du hast richtig gehört", meinte Frau Racer und strich sich die Schürze glatt. „Ich würde Pippin bei mir aufnehmen und ihn leben lassen, wie Schweine es gewohnt sind. Ich habe mehrere Schweine, auch ein paar

Hühner und sechs Kühe. Mein Sohn Henry züchtet Hühner, die er dann auf dem Markt verkauft. An einem Schwein als Haustier ist er sicher nicht interessiert. Aber ich würde mich darum kümmern. Und ich verspreche dir, Linda, ich würde Pippin nicht schlachten. Das würde ich dir nie antun."

Linda ließ Pippin auf den Boden und umarmte Frau Racer. „Würden Sie das wirklich tun?"

„Ja", sagte Frau Racer und gab Linda einen liebevollen Klaps auf die Wange. „Weißt du, diese Spielchen, die Teddy und Tom ihm beizubringen versuchen, die fügen ihm ja keinen Schaden zu. Man kann ihnen Pippin ruhig anvertrauen. Das Gute an der Sache ist nämlich das, daß nicht nur Pippin was dazulernt, sondern auch die beiden Jungs. Sie kommen von Stunde zu Stunde besser miteinander aus." Sie streckte eine Hand aus und strich Linda eine Haarsträhne aus der Stirn. „Ich findet aber trotzdem, Pippin braucht ein Zuhause, wo man ihn in Ruhe läßt und nicht dressieren will wie einen Zirkushund. Wenn Tom abreist, dann nehme ich Pippin zu mir. Henry kann ihn ja in seinem Wagen mitnehmen. Er wird mich sicher für verrückt halten, weil ich ein Schwein großziehe, das nicht geschlachtet werden soll. Aber das bringe ich ihm schon noch bei."

„Vielen Dank, Frau Racer!" rief Linda glücklich. „Ich wüßte niemanden, dem ich Pippin lieber anvertrauen würde als Ihnen. Findest du das nicht auch fabelhaft, Jill?"

„Ja, gewiß", meinte Jill. „Sagen Sie, Frau Racer, werden Sie dann weiterhin für Pippin Plätzchen backen?"

Die Haushälterin schüttelte lebhaft den Kopf. „Keinesfalls!“ rief sie. „Ich habe doch auch jetzt nicht für Pippin die Plätzchen gebacken. Nein, wenn der Bursche mal bei mir ist, dann wird er das fressen, was alle Schweine fressen, und es wird ihm sicher schmecken. Und außerdem sind Schweine Allesfresser.“ Sie schaute zu Pippin herunter, der zu ihren Füßen hockte und grunzte. Linda kam es ganz so vor, als grinste er, während er den rechten Fuß hob.

„Seht euch doch diesen kleinen Bettler an!“ rief Frau Racer und bemühte sich, ernst zu bleiben. „Möchtest du schon wieder ein Plätzchen, du Vielfraß?“ sagte sie und nahm eines vom Rost und gab es Pippin, der es gierig verschlang. „Du meine Güte, der ist ja noch gefräßiger als ein Hund! Aber wenn er Bauchschmerzen bekommt, dann ist er selbst schuld daran“, meinte die Haushälterin. „Oder größtenteils“, fügte sie hinzu und sah Linda an, die grinsend daneben stand.

Da wurde plötzlich die Küchentür aufgerissen, und Teddy und Tom stürmten herein, gefolgt von Jocko und Sunshine.

„Stellen Sie sich vor, Frau Racer“, rief Tom, „Teddy hat mich die Kaninchen füttern lassen. Ich habe eines auf den Arm genommen. Welches war es doch gleich, Teddy?“

„Cottontail“, sagte Teddy, der gerade ein Plätzchen in den Mund stopfte.

„Stimmt, Cottontail. Teddy hat gesagt, daß Cottontail gerne kratzt, aber mich hat er nicht gekratzt. Und wissen Sie, was ich glaube? Die Kaninchen möchten jetzt ein paar Karotten haben. Sind welche im Kühlschrank?“

„Jede Menge“, erwiderte Linda. „Sie liegen im Gemüsefach. Nimm dir ein paar, und gib sie ihnen."

Tom zögerte einen Augenblick. „Darf ich, Frau Racer?" fragte er dann.

Die Haushälterin öffnete den Kühlschrank. „Bedien dich, mein Junge!" sagte sie. „Aber nun, raus mit euch! Wie soll ich denn das Abendessen zubereiten, wenn ihr die ganze Zeit hier rumsteht? Teddy, das war das letzte Plätzchen! Linda, bitte schaff Pippin fort. Ich kann ihn jetzt nicht gebrauchen. Jill, nimm bitte Cleveland mit!" Sie gab dem Kater einen Klaps, damit er von dem Küchenbüfett heruntergiing, auf dem die frischen Plätzchen zum Auskühlen lagen. „Es sollen schließlich noch ein paar Plätzchen für den Doktor übrigbleiben, wenn er heimkommt."

Jill nahm Cleveland auf den Arm und verließ mit ihm die Küche. Linda ging mit Pippin in das Speisezimmer. Teddy nahm ein paar Salatblätter und lief Tom nach. „Warte doch auf mich!" rief er.

Jill und Linda hockten sich im Speisezimmer auf den Boden und beobachteten Pippin, der vor dem Fernsehapparat lag. Die beiden kraulten und tätschelten ihn, daß er vor Wonne nur so grunzte. „Du bist ein richtiges Glücksschwein", sagte Jill.

„Ja, das ist er wirklich", stimmte Linda ihr zu. „Ein Glücksschwein, das nicht nur selbst großes Glück hat, sondern auch uns Glück gebracht hat. Ohne Pippin wäre Tom sicherlich noch der gleiche Langweiler, und Teddy würde mit ihm nur streiten."

„Aber du hast ihm auch Glück gebracht, denn ohne dich hätte Herr Pollard eines Tages Würste und Koteletts aus ihm gemacht", sagte Jill.

Linda lächelte Pippin zu, und sie war sich ganz sicher, daß er zurücklächelte.

Teddy und Tom war es tatsächlich gelungen, Pippin bis zu Toms Abreise drei Kunststücke beizubringen. Er hatte gelernt, sich auf Kommando niederzulegen und sich auf dem Boden zu wälzen. Und Pfötchen geben konnte er ja bereits. Da sie die Wette mit dem Tierarzt gewonnen hatten, führte sie dieser zum Eisessen aus, wo sie so viele Portionen essen durften, wie sie wollten, oder besser, konnten. Linda war auch mitgekommen, und sie staunte nur so über die Berge von Erdbeer- und Himbeereis, die Tom verdrückte.

Am Tag darauf standen sie alle — Frau Racer inbegriffen — auf dem Bahnhof von Harrisburg und warteten auf den einfahrenden Zug, der Tom wieder nach New York bringen sollte. Der Junge sah wieder ganz so aus, wie er bei seiner Ankunft ausgesehen hatte. Er trug den blauen Blazer, eine lange graue Hose mit Bügelfalten, und sein Haar war ordentlich gekämmt. Aber der Schein trog, Tom war nicht mehr der gleiche, er hatte sich innerlich verändert.

„Meine Freunde werden Augen machen, wenn ich ihnen erzähle, daß wir ein Ferkel zu Hause hatten und daß wir ihm drei Kunststücke beigebracht haben", sagte er aufgeregt. „Und daß ich gelernt habe, Kaninchen und Enten zu füttern und zu fischen, und über Baseball Bescheid weiß..."

„Tom, du solltest lieber nicht erzählen, daß ein Ferkel im Haus rumgelaufen ist", meinte der Tierarzt. „Deine Eltern könnten das vielleicht nicht verstehen."

„Aber ich hab' es ihnen schon am Telefon gesagt. Meine Mutter fand das sehr ungewöhnlich und wollte wissen, ob Pippin auch sauber sei, was ich bejahte." Dann wandte er sich Teddy zu: „Ich freue mich schon riesig auf die Sommerferien, wenn ich wieder zu euch kommen darf. Dann bringe ich auch meine Reitkappe mit, damit ich auf Gray Ghost reiten kann."

„Und wenn ich dich in New York besuche, dann gehen wir in den Zoo und spielen Schach...", sagte Teddy.

„Und ich werde meinen Vater bitten, daß er mit uns zum Shea-Stadion fährt, damit wir ein Baseball-Spiel ansehen können", fiel Tom ihm ins Wort. „Vielleicht spielen die *Yankees* gegen die *Phils*."

„Die *Yankees* spielen nicht im Shea-Stadion", erklärte ihm Teddy. „Das sind die *Mets*."

„Ach, ja", sagte Tom. „Ich glaube, ich muß noch eine Menge über Sport lesen, bis ich so viel weiß wie du."

„Ja, das wirst du wohl tun müssen", stimmte Teddy ihm zu.

Linda hielt sich eine Hand an ein Ohr und sagte: „Ich glaube, der Zug kommt schon."

„Zeit zum Abschiednehmen, Tom", sagte der Tierarzt. „Wir haben uns riesig gefreut, dich bei uns zu haben."

Tom umarmte stürmisch seinen Onkel. „Danke für alles", sagte er. „Übrigens, ich werde meinem Vater sagen, er soll sich auch einen Bart wachsen lassen. Du siehst nämlich ganz toll damit aus."

„Danke, Tom", meinte der Tierarzt lachend. „Das freut mich zu hören."

Der Zug rollte in dem Bahnhof ein und kam laut quietschend zum Stehen.

„Tschüs, Linda", sagte Tom und streckte ihr die Hand entgegen.
„Ich bin sicher, aus dir wird eine sehr gute Tierärztin werden."
„Ich will's versuchen", sagte Linda, und schloß ihn fest in die Arme und küßte ihn zum Abschied. „Teddy kann Küsse nicht ausstehen", sagte sie lachend.
„Ich auch nicht", meinte Tom, „aber hin und wieder muß man welche über sich ergehen lassen."
„Du wirst mir fehlen, Tom", sagte Linda.
Frau Racer umarmte ihn auch sofort, ohne darauf zu warten, daß er ihr die Hand reichte. „Du bist ein netter Junge", sagte sie. „Komm gut nach Hause! Und laß dich von niemandem ansprechen. Vergiß nicht, den Schaffner zu fragen, wann du aussteigen mußt, damit du deine Sachen rechtzeitig herrichten kannst." Sie reichte ihm eine Papiertüte. „Das Essen im Zug schmeckt scheußlich, deshalb habe ich dir ein Lunchpaket gemacht: ein paar Plätzchen, zwei große Hühnersandwiches mit Essiggurken, ein hartgekochtes Ei, ein Apfel und eine Orange. Ich glaube, das müßte reichen. Und jede Menge Papierservietten, damit du dich nicht schmutzig machst."
„Vielen Dank, Frau Racer", sagte Tom. „Aber wenn ich das alles esse, werde ich so fett werden wie Pippin. Ich bin wirklich froh, daß Sie ihn zu sich nehmen. Sicher werden Sie mit ihm viel Freude haben."
„He, Tom, weißt du, daß du ganz okay bist? Als du hier ankamst, warst du wirklich ein schrecklicher Langweiler, aber jetzt nicht mehr", rief Teddy ihm zu.
„Aber Teddy", sagten der Tierarzt und Linda gleich-

zeitig und blickten den Jungen vorwurfsvoll an.

„Er hat ja recht", meinte Tom. „Ich war wirklich ein Langweiler. Aber das soll sich in Zukunft ändern. Bis bald, Teddy!"

Die beiden Jungen schüttelten sich feierlich die Hände. Dann nahm der Tierarzt Toms Gepäck und sagte: „Es ist Zeit einzusteigen, junger Mann. Warte, ich helfe dir."

Sie stiegen in den Waggon ein. Tom winkte ihnen zu, und Linda, Teddy und Frau Racer winkten zurück. Wenig später stieg Doktor Taylor wieder aus, und der Zug setzte sich in Bewegung.

„Wo ist er?" wollte Teddy wissen. „Ich sehe ihn nicht."

„Da!" rief Linda.

Tom preßte das Gesicht an die Glasscheibe und winkte lebhaft.

„Bis bald, Tom!" rief Teddy ihm zu und hörte gar nicht mehr zu winken auf. Erst als der Zug aus dem Bahnhof gefahren war, ließ er den Arm sinken und seufzte.

„Ich wette, du vermißt ihn jetzt schon", sagte Linda zu ihm, während sie durch die Bahnhofshalle gingen.

„Ja…, wahrscheinlich", sagte er leise. „Ich hab' mich richtig an ihn gewöhnt."

„Ich glaube, du könntest jetzt sicher was Süßes vertragen", wandte sich Frau Racer an den Jungen.

„Was haben Sie denn anzubieten?" fragte Teddy.

„Ein paar Schokoladenplätzchen", sagte sie und drückte ihm eine Tüte in die Hand.

„Super!" freute sich Teddy. „Ich dachte schon, Sie hätten Tom alle mitgegeben. Schokoladenplätzchen sind mir noch lieber als die, die Sie neulich gebacken haben." Dann wandte er sich an seinen Vater. „Darf ich mir eine Milch kaufen? Wir könnten uns doch wo hinsetzen, während wir auf Erins Zug warten."

Wenig später saßen alle vier auf einer Bank im Wartesaal und aßen Plätzchen und tranken Milch dazu.

„Aber eins solltest du Erin übriglassen", meinte Linda zu Teddy. „Sie hat zehn Tage lang auf Frau Racers Plätzchen verzichten müssen." Sie warf einen Blick auf die große Wanduhr. Es war halb elf, und Erins Zug sollte um fünf vor elf ankommen. Plötzlich konnte sie es kaum noch erwarten, Erin wiederzusehen. Dadurch, daß sie mit Tom und Pippin so beschäftigt gewesen war, hatte sie ihre Schwester nicht allzusehr vermißt. Aber sie hatte jeden Tag an sie gedacht. Erin hatte ihnen sehr fleißig geschrieben. Jeden Tag eine Ansichtskarte, meistens war es das Bild einer bekannten Tänzerin. Sie schrieb auch fast nur über die Ballettaufführungen, die sie mit Tante Peggy besucht hatte. Frau Racer hatte alle Ansichtskarten an die Pinnwand, die an der Tür der Speisekammer angebracht war, gesteckt. Alle zusammen ergaben ein lustiges und farbenfrohes Bild.

Ob sie sich wohl verändert hat? fragte sich Linda. Ob die Großstadt auf sie abgefärbt hatte? Tom hatte sich schließlich auch in diesen zehn Tagen verändert. Was aber, wenn Erin nicht mehr die gleiche war, wenn sie aus dem Zug ausstieg? Nein, das konnte sie sich nicht vorstellen. Aber trotzdem schmeckte ihr das Plätzchen plötzlich nicht mehr, und es war ihr, als läge ihr ein Stein im Magen.

Sie reichte Teddy die andere Hälfte. „Magst du es?"

CIRCUS RONCALLI

Diese neue Buchreihe entstand in Zusammenarbeit mit dem Circus Roncalli. Und sie verspricht: Zirkusluft, Manegenzauber, Spannung und Clownerie.

Circus Roncalli 1993 auf Tournee in Aachen, Kassel, Wien und München.

Herbert Friedmann
Der Regenbogen hat sieben Farben
Circus Roncalli, Bd. 1
Zum Geburtstag eine Eintrittskarte für den Circus Roncalli? Kinderkram! ärgert sich Bastian. Noch ahnt er nicht, daß ihn diese Eintrittskarte in eine Welt voller Abenteuer führt. Best.-Nr. 4666
12,80/ÖS 99,–

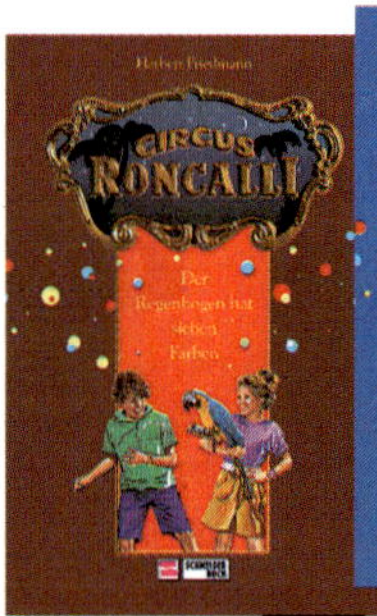

ab 10

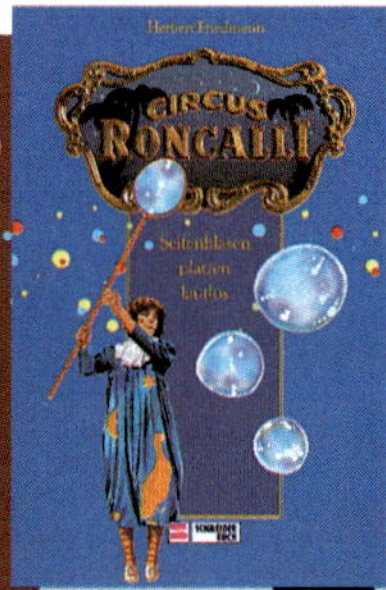

ab 10

Herbert Friedmann
Seifenblasen platzen lautlos
Circus Roncalli, Bd. 2
Als Gewinner eines Malwettbewerbs verbringt Bastian eine aufregende und schöne Zeit im Circus Roncalli.
Best.-Nr. 4816
12,80/ÖS 99,–

Hans G. Franciskowsky
Tiger in Gefahr!
Auf den Spuren bedrohter Tiere, Bd. 5
Sara und Sebastian sind entsetzt: sogar solche majestätischen Tiere wie die indischen Tiger sind vom Aussterben bedroht.
Best.-Nr. 4876 9,80/ÖS 79,–

ab 8

TIERBÜCHER

Günter Huth
Vorsicht, Hundefänger!
Tierfreunde im Einsatz, Bd. 1
Sebastian und seine Freunde versuchen alles, um den Hund „Tiger" zu finden. Hoffentlich ist nicht auch er dem Hundefänger in die Falle gegangen. Best.-Nr. 4804 9,80/ÖS 79,–

ab 10

ab 8

ab 8

Günter Huth
Noch mal Schwein gehabt
Tierfreunde im Einsatz, Bd. 2
Das Schweinchen „Ringelchen" sorgt für heilloses Durcheinander, so daß seine Besitzer es wieder loswerden wollen: ein Fall für unsere Tierfreunde.
Best.-Nr. 4805
9,80/ÖS 79,–

Susan Clymer
Ein Ziegenkind braucht ein Zuhause
In der kleinen Ziege „Tobi" findet das Mädchen Dani einen Freund. Doch Tobi soll geschlachtet werden. Kann Dani das Ziegenkind retten?
Best.-Nr. 4845 9,80/ÖS 79,–

ab 12

Gianni Padoan
Tottoi und die Mönchsrobbe
Die junge Mönchsrobbe „Zabaione" und der 14jährige Tottoi werden unzertrennliche Freunde. Noch ahnt Tottoi nichts von der Gefahr, die seinem neuen Freund droht ...
Best.-Nr. 4725 12,80/ÖS 99,–

PFERDEBÜCHER

Valter Farley
litz bricht aus, Bd. 5
lec verliert bei einem Unfall ein Gedächtnis. Dann ruft er Schrei eines wilden lengstes Erinnerungen in ım wach. Eine abenteuerche Suche beginnt ...
est.-Nr. 4852 12,80/ÖS 99,–

ab 10

ab 10

Walter Farley
Blitz legt los, Bd. 6
Durch einen Brand auf der Farm ist großer finanzieller Schaden entstanden. Alec setzt alle Hoffnungen auf die Stute Black Minx, die den großen Preis gewinnen soil. Als die Stute verliert, begreift Alec, daß es ohne Blitz nicht geht.
Best.-Nr. 4853
12,80/ÖS 99,–

ab 10

ab 10

Jo Pestum
Der geheimnisvolle Schimmel
Der Pferdehof im Münsterland, Bd. 2
Lena und ihre Freundin Annette mögen sich, doch sie streiten sich auch. Aber das ist bald vergessen, denn abenteuerliche Ereignisse warten auf die beiden Freundinnen.
Best.-Nr. 4760 10,80/ÖS 85,–

o Pestum
.enas neue Freunde
)er Pferdehof im
Aünsterland, Bd. 1
.ange Jahre stand der alte 'ferdehof leer. Doch jetzt iehen Lena, ihr Bruder Pit, lie Eltern und der Wuschelhund Ronja von der Stadt ufs Land. Und schon beginnen die Abenteuer!
3est.-Nr. 4759 10,80/ÖS 85,–

ab 12

ab 10

ab 8

Helga Wegener-Olbricht (Hrsg.)
Mein Pony ist mein bester Freund
Spannende, heitere und nachdenkliche Geschichten von Ponys und Pferden, den besten Freunden und Begleitern der Kindheit – erzählt von bekannten Autoren.
Best.-Nr. 4834
12,80/ÖS 99,–

Jrsula Isbel
Vinterstürme, Frühlingsluft
'ferdeheimat im Hochland, Bd. 5
/ergessen sind die kalten Wintertage. Ein besonderes Ereignis und der Duft nach vilden Kräutern lassen Laurie den Tag vor hrem siebzehnten Geburtstag nie vergessen.
3est.-Nr. 4833 10,80/ÖS 85,–

Erika Hein
Wenn wir Freunde wären
Corinna liebt Pferde, und sie hat alles, was sie sich wünscht. Doch erst nach dramatischen Ereignissen begreift sie, wie wichtig Freundschaft und Verständnis füreinander sind.
Best.-Nr. 4484 10,80/ÖS 85,–

PFERDESACHBÜCHER DER EXTRAKLASSE

Diese Bücher sind ein Muß für begeisterte Pferdefreunde und Reiter und alle, die es werden wollen.

Uta Over
So verstehst du dein Pferd
Der Schlüssel zum wahren Pferdeverständnis: Wer seinen geliebten Vierbeiner wirklich verstehen will, muß dieses Buch gelesen haben. Denn nur wer sein Pferd versteht, kann sein Vertrauen gewinnen. Und nur durch Vertrauen entsteht echte Harmonie. Mit vielen Farbfotos und Zeichnungen.
Best.-Nr. 4773 24,80/ÖS 199,–

Edel Marzinek-Späth
Ich lerne reiten Schritt für Schritt zum guten Reiter
Die gründliche Reitausbildung von der ersten Longenstunde bis zum sicheren Ausritt. Mit zahlreichen Fotos und Illustrationen. Ein Buch für die Praxis – die ständige Begleitlektüre für junge Reiter und solche, die es werden wollen. Best.-Nr. 4859 24,80/ÖS 199,–

Eine neue Reihe über besondere Pferderassen: **Die Traumpferde der Welt!** Spannend und einfühlsam erzählt!

Holger Heck
Haflinger Traumpferde der Welt
Eine Geschichte über die Entstehung der Haflinger: Auf einem Südtiroler Bergbauernhof wird in der Christnacht 1876 ein Haflingerfohlen geboren. Das Stutfohlen wächst zu einem wunderschönen Pferd heran, das seiner Rasse alle Ehre macht.
Best.-Nr. 4768 24,80/ÖS 199,–

Holger Heck
Appaloosa Traumpferde der Welt
Ein alter indianischer Schamane, ein weiser Mann, erzählt dem jungen Amerikaner Jeff die Geschicht des einstmals großen Stammes de Nez Percé. Untrennbar mit diesen Indianern ist die Geschichte ihrer berühmten Pferde verbunden – der edlen, gefleckten Appaloosas.
Best.-Nr. 4769 24,80/ÖS 199,–

MÄDCHENBÜCHER

ab 13

Ann Brandon
Liebe made in USA
Sweet Sixteen, Bd. 2
Christina ist zum ersten Mal in Amerika. Eigentlich wäre alles prima, doch sie ist unglücklich verliebt. Aber sie ist fest entschlossen, für ihr Glück zu kämpfen. Best.-Nr. 4855 9,80/ÖS 79,–

ab 13

nn Brandon
arissas
ntscheidung
weet Sixteen, Bd. 1
arissa verliebt sich Hals über Kopf in Felix. ber auch Daniel läßt ihr Herz höher schla- en. Beide Jungen kämpfen um Larissas iebe. Best.-Nr. 4869 9,80/ÖS 79,–

ab 13

Gaby Schuster
Halt mich fest
in deinen Armen!
Kuschelrock
Tom, zwanzig Jahre, blondes Haar, graublaue Augen, stark und sensibel – ein Mann zum Festhalten. Hals über Kopf verliebt sich Tanja in ihn. Doch bald schon läuft alles schief. Die Mißverständnisse häufen sich und scheinen alles zu zerstören. Best.-Nr. 4878 14,80/ÖS 119,–

ab 13

Brigitte Blobel
Die Neue, mein Bruder und ich
Gefühlssachen
Von ihrer neuen Klassenkameradin Annabelle ist Ronja fasziniert. Annabelle hat alles, was sie nicht hat: sie ist schön, hat erste Erfahrungen mit der Liebe, und die Jungens fliegen nur so auf sie – auch Ronjas Bruder, der doch eigentlich mit Katja befreundet ist. Verrat und Eifersucht haben schlimme Folgen ... Best.-Nr. 4877 12,80/ÖS 99,–

ab 13

ab 13

Barbara Wersba
Ich gehe meinen Weg!
Hanna beschließt, eigene Wege zu gehen. Sie zieht von zu Hause aus und gründet die „Hundehilfe". Damit kommen natürlich auch einige Probleme auf sie zu. Wenn doch nur jemand da wäre, der ihr ein bißchen beisteht. Best.-Nr. 4668 14,80/ÖS 119,–

ma Krauß
as rote Seil
uch das noch! Gerti muß zusammen nit ihren Eltern Ferien auf einem deutschen Camping- latz machen und jeden Tag für die Schule büffeln. Bei inem Spaziergang stößt sie auf ein rotes Kletterseil – nd damit auf einen jungen Mann namens Newton. est.-Nr. 4788 14,80/ÖS 119,–

ABENTEUER-BÜCHER

Peter Kuntze
Unterricht im Hexenhaus
Die verflixte 7b, Bd. 5
Die verflixte 7b entdeckt die geheimnisvolle Vergangenheit ihres Heimatstädtchens. Best.-Nr. 4881
9,80/ÖS 79,–

ab 8

ab 10

Rainer M. Schröder
Vampire kauen keine Knoblauchzehen oder Der Kapuzenmann
Pizza-Bande, Bd. 25
Ein Unschuldiger wird verdächtigt. Das kann di Pizza-Bande nicht zulassen. Sie versucht, den Täter auf eigene Faust z überführen. Best.-Nr. 47
9,80/ÖS 79,–

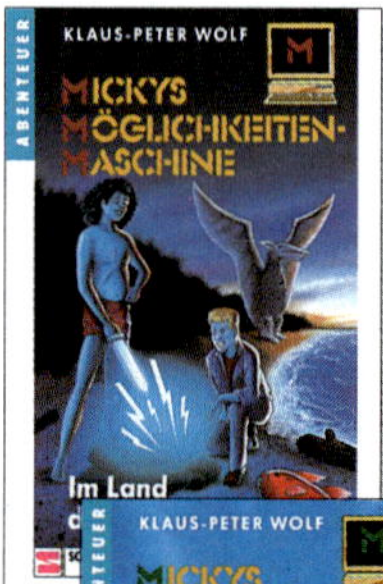

Klaus-Peter Wolf
Im Land der Ugar-Ugar
Mickys Möglichkeiten-Maschine, Bd. 1
Im Alltag ist Mickys Vater ein ziemlicher Versager. Aber an seiner Möglichkeiten-Maschine, einem Schreibcomputer mit allen Schikanen, ist er der Star. Eines Tages macht sich Micky am Computer zu schaffen und landet in einer fantastischen Zauberwelt.
Best.-Nr. 4850 9,80/ÖS 79,–

ab 8

ab 12

Klaus-Peter Wolf
Bei den Büffeljägern
Mickys Möglichkeiten-Maschine, Bd. 2
Die Möglichkeiten-Maschine verbannt Micky und seinen Pa ins Land der Büffeljäger. Dort müssen sich die beiden als Indianer bewähren. Best.-Nr. 4861
9,80/ÖS 79,–

Ursel Scheffler
Kommissar Kugelblitz
Sammelband 2
38 lustige und spannende Fälle gibt es zu lösen. Zusammen mit Kommissar Kugelblitz und euren Spürnasen sicherlich kein Problem. Wie immer bestätigt euch die beiliegende rote Wunderfolie die Lösung.
Best.-Nr. 4933
19,80/ÖS 149,–

Klaus-Peter Wolf
Die Nacht im Geisterwald
Drei tolle Nullen, Bd. 9
Die „Drei tollen Nullen" finden ihr Zeltlager verwüstet vor. Aber sie wissen schon, wie sie es den Randalierern heimzahlen. Opfer ihrer nächtlichen Spukattacke wird allerdings auch Schuldirektor Dr. Nußbaum. Best.-Nr. 4712
9,80/ÖS 79,–

ab 10

ab 10

Peter Weissflog
Wolly auf Schatzsuche
Wolly Cosmopolly, Bd. 6
Der Südseejunge Wolly und seine Freunde sind fest entschlossen, eine alte Geldkiste in einem Schiffswrack aufzubrechen. Kein ganz ungefährliches Unternehmen ...
Best.-Nr. 4711 9,80/ÖS 79,–

FANTASIA

Theo Schwartz
Papi lernt reiten
Bibi und Tina, Bd. 3
ater Blocksberg wird von Graf Falkenstein zur Fuchsjagd eingeladen. Doch dazu muß er erst einmal reiten lernen. Natürlich hilft Bibi ein wenig nach ...
Best.-Nr. 4879 10,80/ÖS 85,–

Theo Schwartz
Das Zirkuspony
Bibi und Tina, Bd. 4
Bibi und Tina sind fest entschlossen, ein Zirkuspony zu retten, das der Zirkusdirektor zum Schlachter geben will. Mit Bibis Hexenkünsten hat er nicht gerechnet.
Best.-Nr. 4880
10,80/ÖS 85,–

Kevin Kay
Das Wundertier aus Mexiko
Der Axolotl, Bd. 1
Stefan, Julia und Michi ommen aus dem Staunen nicht heraus. Diesmal hat nnen Käpt'n Brause etwas ganz Besonderes mitgebracht: einen Axolotl. Aber inen gewöhnlichen – nein, dieser Lurch besitzt übersinnliche Fähigkeiten.
Best.-Nr. 4698
10,80/ÖS 85,–

Kevin Kay
Der Zauberkünstler
Der Axolotl, Bd. 2
Mit einer Fünf in Mathe scheint Stefans Traum von einem Mountainbike endgültig ausgeträumt. Aber der Axolotl weiß Rat. Auf dem Wettbewerb der Magier zaubern sich die beiden das ersehnte Fahrrad einfach herbei.
Best.-Nr. 4699
10,80/ÖS 85,–

PROMINENTE ERZÄHLEN FÜR KINDER

Ein außergewöhnliches Buch, denn die Geschichten schrieben viele Prominente aus der Unterhaltungsbranche, aus Politik, Sport und Medizin. Die Illustrationen sind von bekannten Zeichnern. Alle verzichteten auf ein Honorar, um mit dieser Aktion krebskranken Kindern zu helfen.

2,– DM aus dem Erlös des Buches kommen krebskranken Kindern zugute!

Horst Jüssen (Hrsg.)
Prominente erzählen für Kinder
Best.-Nr. 4857 19,80/ÖS 149,–

SONDER-AUSGABEN

Bekannte und beliebte Erzählungen als preiswerte Sammelbände. Jedes Buch kostet nur 12,– /ÖS 95,–.

Evelyne Kolnberger/
Margot Kreuter/Danica Langenstein
Mein Glück macht große Sprünge
Drei spannende Pferdegeschichten: Heiter und ernst, mit viel Pferdeliebe, Freundschaft, Ferienerlebnissen und Verliebtheit. Best.-Nr. 4785 12,–/ÖS 95,–

Lynn Hall/Lisbeth Pahnke/Diana Pullein-Thomson
Ich wünsche mir ein Pferd
Dies sind die Geschichten dreier Mädchen und ihrer Pferde. Ihre Schicksale ist sind eng miteinander verbunden.
Best.-Nr. 4937 12,–/ÖS 95,–

Klaus-Peter Wolf
Drei tolle Nullen und ihre Abenteuer
Der erste Sammelband dieser beliebten Serie. Mit Clubkarte! Best.-Nr. 4934
12,–/ÖS 95,–

Marie Louise Fischer
Wenn's im Schwindeln Noten gäbe
Tessie und Dany sind im Schwindeln und Sichdurchmogeln unschlagbar. Bis eines Tages alles auffliegt und auch sie nicht mehr um die Wahrheit herumkommen.
Best.-Nr. 4938
12,–/ÖS 95,–

Margot Kreuter
Sandra – Neue Fälle für die junge Detektivin
Mit einer Riesenportion Mut und Grips sind Sandra und Joschi wieder in drei unheimlich spannende Kriminalfälle verwickelt. Ob sie den Tätern auf die Spur kommen?
Best.-Nr. 4899
12,–/ÖS 95,–

Tina Caspari
Katja tanzt ins Leben
Katja findet sich unattraktiv, obendrein nerven sie Schule, Eltern, ihre Brüder und noch einiges mehr. Wie gut, daß es Petra gibt, die Katja immer wieder auf den Teppich bringt. Die beiden verbindet eine besondere Leidenschaft: das Tanzen. Best.-Nr. 4900 12,–/ÖS 95,–

fragte sie ihn.

„Na klar", sagte dieser und steckte das Plätzchen in den Mund.

Der Tierarzt warf einen Blick auf seine Armbanduhr. „Kommt und werft die leeren Milchtüten und die Servietten in den Abfallkorb. Wir müssen gehen, der Zug wird bald einfahren."

„Ich freue mich schon, Erin wiederzusehen", sagte Teddy. „Sie war so lange weg, daß ich beinahe vergessen habe, wie sie aussieht."

Frau Racer runzelte die Stirn. „Was, du weißt nicht mehr, wie deine eigene Schwester aussieht? Schäm dich, Teddy Taylor! Erin wird genauso aussehen, wie sie ausgesehen hat, als sie fortfuhr. Wie ein süßer blonder Engel. Aber vielleicht hat sie abgenommen." Frau Racers Stimme klang plötzlich besorgt. „Die Leute in New York essen ja nicht ordentlich. Das habt ihr doch an Tom gesehen. Er kam spindeldürr an, und nach zehn Tagen hat er richtig gesund ausgesehen. Teddy, hast du für Erin ein Plätzchen aufgehoben?"

Teddy nickte.

„Gut. Ich habe für Mittag Roastbeef, Kartoffelpüree und Bohnen zubereitet. Alles ganz frisch. So frische Sachen gibt es nicht in New York. Die Leute in der Großstadt kennen doch nur Konserven und Tiefkühlkost."

„Da haben Sie sicher recht", sagte der Tierarzt und nahm ihren Arm. „Kommen Sie — wir möchten Erin sehen, wie sie ankommt."

„Erin wird Augen machen, wenn sie Pippin sieht", meinte Teddy. „Und erst recht, wenn sie seine Kunststücke zu sehen bekommt!"

8 9876-8

Ein klärendes Gespräch

„Das war das beste Essen, das ich seit meiner Abreise nach New York gehabt habe, Frau Racer", sagte Erin zwei Stunden später. Die Tierarztfamilie saß um den großen Tisch im Eßzimmer, und die Haushälterin hatte sich bemüht, ihnen jeden Wunsch von den Lippen abzulesen. Linda hatte selbstverständlich kein Roastbeef gegessen, dafür aber um so mehr Gemüse und eine doppelte Portion Nachspeise, die aus frischen Erdbeeren und einer Eistorte von der Currans Eisdiele bestanden hatte.

„Das hoffe ich doch sehr", meinte die Haushälterin. „Was du brauchst, ist richtige Hausmannskost. Dann kriegst du gleich wieder rote Backen."

„Sie tun ja gerade so, als würde sie jeden Augenblick zusammenbrechen", sagte Doktor Taylor lachend. „Ich finde, sie sieht sehr gut aus."

Und das entsprach der Wahrheit. Linda betrachtete ihre Schwester und mußte feststellen, daß sie irgendwie erwachsener geworden war. Ihre Gesichtszüge kamen ihr feiner vor, das blonde Haar, das sie meistens zu einem Knoten geschlungen hatte, schien mehr zu glänzen. Das konnte sie sich doch nicht alles nur einbilden? Erin war ihrer Mutter wie aus dem Gesicht geschnitten, als diese jung gewesen war. Sie kannte nur allzugut ihr zartes schönes Gesicht von den Fotografien, die überall im Haus hingen. Linda kam sich neben Erin richtig plump und schwerfällig vor. Außerdem stand ihr dichtes langes Haar an den Seiten ab, auch wenn sie es noch so oft bürstete. „Oh, wir haben ausgezeichnet gegessen", sagte Erin. „Tante Peggy und Onkel John gingen mit mir in die besten Lokale, wo die Kellner um einen nur so rumschwirrten. Und im *Adagio-Café* haben sie ein riesiges Büfett mit den tollsten Sachen, die man sich nur vorstellen kann. Die Kellner haben große weiße Schürzen an und servieren dir die unglaublichsten Dinge, wie Austern, Hummer und so weiter. Ich habe eine Portion Austern gegessen. Hast du gewußt, Teddy, daß sie noch leben, wenn man sie ißt? Sie zucken richtig, wenn du sie mit Zitronensaft beträufelst."

„Igitt!" rief Linda und schüttelte sich. „Und du hast sie wirklich lebend gegessen?"

„Um ehrlich zu sein, sie haben mir nicht sonderlich geschmeckt", gab Erin zu. „Anfangs dachte ich, ich würde sie nicht runterbringen und mir würde schlecht werden. Aber ich aß sie ganz mühelos. In japanischen Restaurants servieren sie rohen Fisch, aber der schmeckt gar nicht nach Fisch. Ich finde, sie sollten bei uns auch ein japanisches Eßlokal eröffnen. Das wäre mal was Besonderes!"

Frau Racer schüttelte den Kopf. „Das ist doch nicht normal, rohen Fisch zu essen."

„Er schmeckte aber fast so gut wie Ihr Roastbeef", meinte Erin. „Ach, ist es schön, wieder zu Hause zu sein."

„Ja?" fragte Linda.

„Natürlich", sagte Erin. „Was hast du denn, Linda? Du schaust mich an, als hättest du mich noch nie gesehen."

Linda zuckte die Schultern und kratzte den letzten Rest der Eistorte zusammen. „Ach, das kommt sicher nur daher, daß du noch nie von zu Hause fortgewesen bist. Ich habe nämlich gerade gedacht, wie sehr du doch Mama ähnlich siehst."

„Und was ist da so Besonderes dran?" wollte Erin wissen. „Ich sehe Mama ähnlich, du Paps, und Teddy – nun ja, der sieht beiden ähnlich. He, Teddy, wieso bist du denn so still? Freust du dich nicht, daß ich wieder da bin?"

„Klar doch", sagte dieser. „Ich bin nur etwas enttäuscht, daß du von Pippins Kunststücken so wenig beeindruckt bist. Tom und ich haben uns solche Mühe mit ihm gegeben."

„Ach, Pippin!" rief Erin lachend. „Tante Peggy und Onkel John konnten es gar nicht glauben, daß wir ein Schwein im Haus haben. In New York ist so etwas ganz unmöglich. Aber ich sagte ihnen, in einer kleinen Stadt ist alles ganz anders. Und wenn man einen Vater hat, der Tierarzt ist, dann hat man schon mal ein ganz ausgefallenes Tier daheim."

Linda stand auf und stellte die Teller übereinander. „Erin, damit du dich ganz rasch wieder zu Hause eingewöhnst, hilf mir bitte, das Geschirr in die Spülmaschine zu stellen. Weißt du überhaupt noch, wie das geht?"

„Langsam, langsam, Linda", bremste Frau Racer sie. „Die Kleine hat eine lange Bahnfahrt hinter sich, sie ist sicher müde. Ich mache hier mit Teddy sauber." Dann wandte sie sich an den Jungen: „Einverstanden?"

„Nein, nein", sagte Erin rasch. „Ich bin nicht müde. Ich helfe Ihnen gerne. Und dann bekommt ihr eure Geschenke, die ich aus New York mitgebracht habe. Es ist toll, dort einzukaufen. Linda, du kannst dir nicht vorstellen, was für riesige und elegante Geschäfte es da gibt! Wenn ich im Sommer wieder zu Tante Peggy fahre, mußt du unbedingt mitkommen. Tante Peggy sagte, Tom würde wieder zu uns fahren, und sie bittet dich, diesmal mitzukommen. Du wirst sehen, wir werden die tollste Zeit unseres Lebens verbringen!" schwärmte Erin.

„Aber Erin, du bist gerade angekommen, und schon redest du vom Wegfahren", brummte Teddy und folgte seiner jüngeren Schwester in die Küche, um die Dessertteller hinauszutragen.

„Das klingt ja ganz so, als hättest du Heimweh nach New York", meinte Linda betrübt.

„Rede keinen Unsinn, Linda", sagte Erin und räumte das Geschirr in die Spülmaschine. „Man kann doch nicht Heimweh verspüren nach einem Ort, wo man nicht zu Hause ist. Aber später einmal, wenn ich eine berühmte Ballerina bin, wird New York mein Zuhause sein."

„Mama war auch ziemlich berühmt, und sie hat nicht in New York gewohnt", erinnerte Linda sie. „Sie blieb hier in Pennsylvania und heiratete Paps."

„Und das war gut so", mischte sich Frau Racer ein. „Wo wäret ihr sonst, frage ich mich."

„Wolltest du uns nicht die Geschenke geben?" meldete sich Teddy. „Holst du sie jetzt gleich?"

„Ja, natürlich", sagte Erin und eilte ins Speisezimmer. „Paps, wo ist denn die große, rote Einkaufstüte mit den Geschenken? Kommt endlich — wir setzen uns ins Wohnzimmer."

Der Tierarzt gab Erin die Tüte, und sie überreichte jedem ein Päckchen. Ihr Vater bekam einen Briefbeschwerer aus Bronze, der einen Hund darstellte. Für Teddy hatte sie ein Buch über Baseball mitgebracht. Frau Racers Geschenk war ein lavendelblaues Halstuch, und Linda bekam eine silberne Anstecknadel mit einem kleinen Hufeisen.

„Ich habe mir auch etwas gekauft“, sagte Erin und rollte ein Poster auf, das das New-York-City-Ballett darstellte. „Ich werde es mir über das Bett hängen oder besser an die gegenüberliegende Wand, damit ich es sehe, bevor ich einschlafe und wenn ich aufwache.“

Nachdem sich alle für ihr Geschenk bedankt hatten, trug der Tierarzt Erins Koffer hinauf. Teddy ging hinaus, um noch mit seinen Freunden ein wenig zu spielen. Frau Racer zog sich in die Küche zurück, wo Pippin unter dem Tisch friedlich schnarchte.

Linda ging zu Erin hinauf und ließ sich auf ihr Bett fallen. Dandelion trillerte fröhlich vor sich hin, worüber sich Erin sehr freute.

„Als du weg warst, hat er nur selten gesungen“, sagte Linda. „Wahrscheinlich hat er dich vermißt. Ich glaube nicht, daß Tom sich viel mit ihm abgegeben hat.“

„Ich hatte schon befürchtet, er könnte vergessen, ihn zu füttern“, sagte Erin und zog sich ihr Ballett-Trikot an. „Wenn ich mit dem Auspacken fertig bin, rufe ich Olivia an und frage sie, ob sie Lust hat rüberzukommen. Ich habe ihr auch was mitgebracht, und außerdem muß ich ihr eine Menge erzählen. Ich will ihr auch zeigen, welchen neuen Tanzschritt ich dazugelernt habe.“

„Ich dachte, du würdest mit mir zum Tier-Treff fahren. Wir hätten noch auf Ghost reiten können? Olivia hätte auch mitkommen können", meinte Linda.

„Nein, nicht heute", sagte Erin. „Ich möchte noch im Hobbyraum ein paar Übungen machen, um mich aufzuwärmen, bis Olivia da ist. Aber laß Ghost von mir grüßen!"

„Okay", sagte Linda enttäuscht und ging aus dem Zimmer. In der Tür blieb sie noch einmal stehen und sagte: „Erin ..."

„Ja?"

„Aber du freust dich doch, wieder zu Hause zu sein?"

„Natürlich", sagte Erin. „Wie kannst du so eine Frage stellen?"

„Ja, wie dumm von mir", sagte Linda, aber dennoch war sie von Erins Antwort nicht überzeugt.

„Hallo, Linda! Du kommst wohl, um nach Ghost zu sehen?" begrüßte Mike Strickler sie, als sie den Stall des Tier-Treffs betrat. Sie war mit dem Fahrrad gekommen und ging nun in die Sattelkammer, um Ghosts Zaumzeug und Sattel zu holen.

„Erraten!" sagte Linda.

„Ist Erin schon zurück?"

„Ja, es hat ihr sehr gut in New York gefallen."

Linda nahm die Sachen und ging zu Ghost in die Box.

„Ist was, Linda?", erkundigte sich Mike und stützte sich auf die Mistgabel. „Du machst einen etwas betrübten Eindruck."

Linda zog den Sattelgurt fest und sagte: „Ach, es ist wegen Erin ... Ich hatte befürchtet, sie könnte verändert zurückkommen, und das ist nun tatsächlich der Fall."

„Verändert? Was willst du damit sagen?“ erkundigte sich Mike. „Du meinst, das Großstadtleben hat auf sie abgefärbt?“

Linda nickte. „Richtig“, sagte sie. Sie findet uns jetzt alle ziemlich...“, sie suchte nach dem richtigen Ausdruck, „provinziell!“

„Du meinst hinterwäldlerisch?“ sagte Mike. „Vielleicht stimmt das sogar ein wenig. Aber was findest du so schlimm daran?“

„Aber die Art, wie sie es sagte, hat mich gekränkt“, erklärte Linda ihm und führte das gesattelte Pferd aus der Box. „So, als wäre sie was Besseres als wir. Dabei sind wir alle eine Familie.“

„Natürlich seid ihr das“, meinte Mike und klopfte ihr aufmunternd auf die Schulter. „Das wird sich wieder legen, Linda. Reite jetzt mit Ghost aus, das bringt dich auf andere Gedanken. Ich wette, wenn du nach Hause kommst, ist Erin wieder die alte.“

Linda schwang sich in den Sattel. „Hoffentlich haben Sie recht, Mike“, sagte sie und lächelte dem alten Tierpfleger zu und ritt im Schritt zum Stall hinaus. Das Gespräch mit Mike hatte ihr gutgetan, außerdem war es ein herrlicher Frühsommertag. Wie konnte Erin nur bei solch einem Wetter im Hobbyraum Ballettschritte einstudieren!“ wunderte sie sich und trabte weiter.

„Wahrscheinlich rege ich mich ganz umsonst auf“, sagte sie zu Ghost, als sie über die Felder ritten. Sie atmete tief die herrliche Landluft ein und sagte: „Schluß mit dem Trübsalblasen!“ Ghost bewegte die Ohren, als wollte er ihr zustimmen.

*

Am Abend hieß es, von Pippin dem Kleinen Abschied zu nehmen. Frau Racers Sohn Henry hatte sich bereit erklärt, Pippin zum Hof der Haushälterin zu fahren, wenngleich er nicht gerade erfreut war, ein Schwein in seinem Auto zu transportieren.

„Ich sagte ihm aber, wegen eines Ferkels lohnte es sich nicht, mit dem Lastwagen zu kommen", erzählte Frau Racer. „‚Denk dir, es ist ein Hund', habe ich ihm gesagt."

Eine Autohupe ertönte.

„Das ist er", meinte Frau Racer. „Komm, Kleiner, wir müssen gehen." Sie zog vorsichtig an Pippins Leine, und das Ferkel ging widerstandslos mit ihr hinaus.

„Oh, ich werde Pippin vermissen!" sagte Teddy betrübt und sah zu, wie das Ferkel auf den Rücksitz des Autos kletterte. „Welchen Spaß hatten wir doch mit ihm!"

„Ja, mir wird Pippin auch fehlen", sagte Linda. „Ferkel sind wirklich nette Haustiere."

„Aber Pippin wird viel glücklicher sein, wenn er mit anderen Schweinen zusammen ist", sagte der Tierarzt. „Außerdem könnt ihr Pippin jederzeit bei Frau Racer besuchen."

„Um ehrlich zu sein, ich bin froh, daß er geht", sagte Erin. „Linda, bitte sieh mich nicht so an. Er ist sicher ein sehr artiges Schweinchen, aber ihr müßt doch zugeben, daß es schon sehr ungewöhnlich ist, ein Schwein zu Hause zu halten. Olivia hat nichts gesagt, als sie Pippin unter dem Eßtisch liegen sah, aber ich habe ihrem Gesicht ablesen können, was sie dachte."

Der Tierarzt setzte sich in seinen Schaukelstuhl und

nahm die Zeitung zur Hand. „Ich verspreche dir, Erin, das war das erste Mal, daß wir ein Schwein bei uns aufgenommen haben, und es wird auch das letzte Mal sein. Du brauchst dich also in Zukunft unseretwegen vor deinen Freunden nicht mehr zu schämen."

„Es war mir wirklich peinlich", gestand Erin. „Tante Peggy und Onkel John würden nie ein Tier in die Wohnung nehmen."

„Auch keinen Kanarienvogel?" fragte Teddy.

„Das weiß ich nicht", antwortete Erin. „Aber ein Schwein ganz bestimmt nicht. Wenn ich erwachsen bin, ziehe ich auch nach New York."

„Sag mal, Erin, kannst du nicht zur Abwechslung von was anderem reden?" brach es aus Linda heraus. „Seit du zurück bist, redest du in einem fort von New York! Man könnte meinen, es tut dir leid, daß du wieder bei uns bist. Mike hat recht, das Großstadtleben hat auf dich abgefärbt."

„Beruhige dich, Linda", mischte sich ihr Vater ein und legte die Zeitung beiseite. „Erin braucht noch eine Weile, um sich wieder bei uns einzuleben. Es ist doch nicht verwunderlich, daß sie sich nach New York wie in der tiefsten Provinz hier vorkommt."

„Aber das ist hier nicht die tiefste Provinz", widersprach Linda ihm. „Es ist ihr Zuhause, unser aller Zuhause."

Erin seufzte. „Meinst du, ich weiß das nicht?" sagte sie. „Aber nur, weil es mein Zuhause ist, muß es noch lange nicht perfekt sein!"

„Ich finde, es ist perfekt", widersprach Linda ihrer Schwester. „Ich möchte nie woanders leben als hier."

„Ich auch nicht!" sagte Teddy. „Weißt du, Erin, als Tom hier ankam, war er ein so langweiliger, blasser Großstadtjunge, daß es zum Kotzen war..." Er stockte, als er den finsteren Blick seines Vaters auffing, und verbesserte sich rasch: „Ich meine, zum Heulen. Aber als er dann zurückfuhr, war ein richtig patenter Junge aus ihm geworden. Und als du wegfuhrst, Erin, da warst du auch schwer in Ordnung, aber jetzt bist du eine richtige Großstadtzicke geworden. Vielleicht solltest du mit Tom tauschen? Er zieht zu uns und du nach New York. Das wäre doch eine tolle Lösung!"

Erin sah ihn entgeistert an, und Tränen stiegen ihr in die Augen.

„Teddy, wie kannst du so was sagen!" rief sie fassungslos. „Willst du mich gegen Tom eintauschen?"

„Nicht unbedingt", meinte Teddy. „Aber es sieht ganz so aus, als wolltest du das."

Erin ging auf ihren Vater zu und umarmte ihn fest. „Paps, Teddy will mich eintauschen, als wäre ich ein Auto oder sonst was!" sagte sie mit weinerlicher Stimme. „Und Linda mag mich auch nicht mehr! Wer mag mich überhaupt noch in diesem Haus?"

Jocko und Sunshine, die die ganze Zeit ruhig dagesessen hatten, sprangen an Erin hoch und begannen laut zu bellen. Cleveland kroch unter dem Sofa hervor, machte einen Buckel und stellte den Schwanz auf. Linda nahm ihn auf den Arm und versuchte ihn zu beruhigen.

„Erin, ich bin nicht böse auf dich", sagte Linda, und ihre Stimme klang belegt. „Du bist meine Schwester, und ich liebe dich." Sie steckte ihre Nase in das weiche Fell des Katers. „Aber ich hatte befürchtet, du könntest dich in New York verändern, und das hast du tatsächlich getan. Und nun möchte ich, daß du so wärst wie vorher."

„Komm her zu mir, Erin", sagte der Tierarzt und erhob sich von seinem Stuhl. Er legte einen Arm um ihre Schultern und streckte den anderen nach Linda aus. „Und du kommst auch noch her, Teddy!"

Linda setzte Cleveland auf den Boden und ging auf ihren Vater zu. Sie hielten einander fest und blieben eine Weile so stehen.

„Erin, so haben wir uns deine Rückkehr nicht vorgestellt", erklärte ihr ihr Vater. „Du hast einen sogenannten Kulturschock erlitten, aber wir sind die alten geblieben. Und wir möchten, daß du die liebe, kleine Erin bleibst, die du gewesen bist. Wahrscheinlich wäre es uns am liebsten, du würdest nie erwachsen werden. Und das ist ein großer Fehler. Jeder Mensch muß sich weiterentwickeln, womit ich nicht meine, daß er nur wächst und klüger wird. Das Problem aber ist, daß du dich in sehr kurzer Zeit ein großes Stück weiterentwickelt hast, womit wir noch nicht klarkommen..."

„Aber Teddy hat gesagt...", unterbrach Erin ihn.

„Ich habe doch nur einen Spaß gemacht", sagte Teddy. „Natürlich möchte ich dich niemals gegen Tom eintauschen. Ich habe zwar gesagt, daß er bei uns ein ganz anderer Junge geworden ist, aber deshalb möchte ich noch lange nicht, daß er für immer bei uns bleibt." Er grinste Erin an, ehe er fortfuhr. „Wenn du wüßtest, was für ein lausiges Frühstück wir hatten, als du weg warst! Tom hat keine Ahnung vom Kochen, und Linda läßt immer alles anbrennen."

„Ja, Linda läßt selbst das Essen im Mikrowellenherd